著者インタビュー

相手の立場になって
出品することが
オークションビジネスの秘訣

合同会社梅田事務所
代表　梅田　潤さん

オークションで売れるのは
別注モデルや一品もの

——ヤフオク！自体にはいつ頃から取り組み始めたのですか。

梅田　2000年くらいですね。スポーツ・アウトドア用品を扱う「eSPORTS」というネット通販の会社で働いているときに、ヤフオク！が企業向けのプレミアムアカウントを始めて、直属の上司がヤフオク！担当になり、僕がアシスタントでつくことになりその後、担当となりました。eSPORTSの当時の親会社は「ヒマラヤ」というスポーツ用品店で、お店では売れないものを大幅に値下げして売っていたんですね。たとえば1万円のゴルフウェアを2千円で出したりとか。でも、オークションに出すと、それが8千円や9千円で売れるんです。お店というのは商圏が決まっていて、地域のお客さんしか相手にできない。でも、オークションだと全国のお客さんが対象になるので、それをほしがる人がいるんです。当時のオークションはeBayと、そのほか小規模なものがいくつかあったんですが、やはりヤフオク！が主流でした。

——仕事でオークションに取り組んで得たノウハウはありますか。

梅田　オークションのシステムは今でこそ発展していますが、最初はそれこそメールで「住所を教えてください」から始まって、面倒なやりとりが続くものでした。だから、それをやってでもほしい商品でないと売れない。オークションに来る人は、ほかと違うものを探している

とか、ほかより安く買えるとか、その商品に思い入れがあるとか、ショッピングに対してちょっと濃い人。そこで、わりと最初に当たったやり方が、「これはうちしか持っていませんよ」とアピールすることです。タイトルや文字数も限られているので、その商品のよさをいかに検索にひっかかるワードでまとめるかがポイントです。

——商品として当たったものはありましたか。

梅田 当時ヒマラヤは「コールマン」という有名なアウトドアブランドとの別注商品を作っていました。そういう別注モデルは当時ネットではどこも出していなかった。これを出してみたら、バカ売れしました。

——目のつけどころがよかったのでしょうか？

梅田 やはり普通のものを置くと、店舗にも置いてある、楽天にもある、ということになります。ですから、僕がいつも考えているのは差別化した商品を扱うということです。あとは、カテゴリを工夫して売れたものもありました。やはり親会社のほうでボアのコートを売っていたのですが、これもショップでは「サッカー」というカテゴリだったのを、オークションで「防寒・通勤・通学」というキーワードで出したら、かなり売れたんです。そのとき、「裏地にボアはありますか？」ってたくさん質問メールが来たんですね。そこで、その次からはタイトルに「裏ボアあり」と書き商品説明に「袖まであり」などどこまでボアがあるのか

を書きました。お客さんから来る質問を反映させて説明文のクオリティを上げていくというノウハウは、そこで学びました。

商品説明には「相手が知りたいこと」だけを書けばいい

——ちなみに「いい商品説明」というのはありますか。

梅田 基本的にお客さんが知りたい情報を載せるだけでいいと思います。知りたい情報というのは、たとえば服だと正確なサイズ。「Lサイズ」だけではわからないので、肩幅何センチ、着丈何センチ、それもどうやって測っているかまで書きます。よくいらっしゃるのが、商品に対する思いや、ブランドの成り立ちを熱く書く人。そういうのが必ずしも入札額を上げてくれるわけではないし、かえって引かれる場合もあります。一番大事なのは、オークションでわざわざ商品を探す人は、自分のほしいものが何なのかというのがはっきりしている人なので、その熱を冷めさせないような説明文にすることですね。「夏にいいです」というのを春に見たら、「じゃあ、やめとこうか」ってなる。「落札後24時間以内に連絡ください」などもそうで、そういうことを書かれると、せかされているようで熱が冷めます。だったら、そういうことは書かないほうがいい。あとは、たくさん在庫があって続けて販売していくようなものなら、質問に来たことをどんどん商品説明に足していけばクオリティが上がります。

家族との時間を大切にするために独立

——eSPORTSでオークションを手掛けたあと、会社を移られたんですよね？

梅田 ヤフオク！の落札データを全部持っている「オークファン」という会社に移りました。そこで、オークファンが提供するデータを使って、オークションのノウハウを教える仕事に就いていたんです。ビジネススクールの講師をやったり、原稿を書いたりもしました。

——そのときも個人的にヤフオク！は使いましたか？

梅田 eSPORTSの頃から個人でも使っていました。そのときは家の中の不用品を売っていたのですが、相場を調べてみて、それが100円とか200円だったら捨てたほうがいいと判断していました。千円くらいで売れているなら、出してみます。ヤフオク！って、それこそなんでも、中古品でも、使いかけでも、壊れていても売れますよね？ テレビを買い替えるときに映像が映らなくなって、音声だけが出る状態だったのでそれを出してみたんですけど、3千円で売れたんです。部品取りとかの需要もあるので、最初は不用品から出してみるといいですよ。

——オークション販売を副業にしようと思ったきっかけはありますか。

梅田 それまではほぼ会社でしか儲けたことがなかったのですが、オークファンに入って、個人でもオークションビジネスができるんだと気づいたことですね。最初はいくらで売れるか怖いと思ったのですが、オークファンで調べれば、その差額がわかる。では、自分でもやってみよう、と。個人でもアメリカや中国から仕入れができるということもわかりましたし、1個からでもできるんですね。それこそ、個人のお小遣い稼ぎだったら5万円くらいで仕入れをして、1万円稼ぐくらいでもいいんですよね。

——副業時代はどんなスケジュールでしたか。

梅田 ヤフオク！とAmazonを並行してやっていましたが、平日に仕事から帰ってきて、子どもが寝てから、毎晩10時から12時くらいまでの2時間だけ作業をしていました。最初の1時間くらいで出品作業をして、10時から11時に終了して、売れていれば対応するし、その日に対応できなければ、翌日に対応します。入金確認もその2時間の間にやって、できないときは次の日に回して、梱包して宛名を書いて、次の日仕事に出るときに持って出てコンビニで宅急便を出す、などそんな感じですね。それを続けて、稼げるようになったところで、会社を辞めて独立しました。

——どうして独立したのですか？

梅田 会社に勤めていると帰宅が深夜になることも珍しくありませんでした。子どもとの時間は、朝の数十分と帰ってからの寝顔しか見られない、そんな生活に危機感を覚えました。この生活を続けていたら、子どもから朝、出勤するときに「おじちゃん、またね。バイバイ」と言われる"朝にお家にいるおじちゃん"になってしまう気がしました。このときから「子どもとの時間をつくる」ことを目的に自分で稼ぐことを決意し、2年と経たずに会社を辞め、家族との時間を飛躍的に増やすことができました。

——どんな点に喜びを感じていますか？

梅田 やはり思い通りに売れたり、お客さんに感謝されたりしたら嬉しいですね。オークションに向いているのは、売る喜びを感じられる人ですね。趣味でやる場合でも、ちゃんと売れたことや、お客さんからのフィードバックを嬉しいと感じられる人は向いていると思います。

——ヤフオク！ならではのよさはありますか。

梅田 なんでも売れるということですね。一応 Amazon でも中古品を売れますが、あくまでも中古で使えるのが条件です。ヤフオク！はそれこそ壊れたものでも売れるし、出品へのハードルも低い。あとはほかのサービスだと、やめるのも面倒だったりするのですが、ヤフオク！はやりたいときに商品のページを作って、やりたくないときはやめればいい。初心者には一番向いていると思いますよ。

——最後に、これから始めようとしている人にアドバイスをお願いします。

梅田 始める前の人は、いろいろな心配をしますよね。売れないかもしれない、ヘンな人が来るかもしれない、自分の情報が悪用されるかもしれない……。でも、その不安を乗り越えると、それを上回るメリットや楽しさ、嬉しさがあります。いろいろ想像して心配すると思うのですが、その想像していることって、まだ起きてないんですよね。ですから、まず始めてみたらいいと思います。大事故につながるようなことは個人レベルではあまり考えられないし、何かトラブルがあっても、そこで考えればいい。やってみれば、絶対にいいことのほうが多いはずです。

——ありがとうございました。

梅田潤

合同会社梅田事務所代表。1977年生まれ、大阪府出身。大学卒業後、株式会社eSPORTSに入社。Web最大級のECサイト「eSPORTS」でオークション事業を立ち上げ、トップクラスのストアに成長させる。2004年から4年連続でYahoo!オークションストア・アワードを受賞。2007年同社を退社し、ブランディング専門のコンサルティング会社に入社。その後、2009年に株式会社オークファンに入社。サービス企画や物販のコンサルティングをはじめ、仕入商材情報誌の執筆やセミナー・講演などを行う。2014年に独立。著書に「中国Amazon輸入 アリババ・タオバオから仕入れる」(あさ出版)。

目次

第1章 ヤフオク！の基礎知識

Section 001	ヤフオク!って何?	14
Section 002	ヤフオク!のメリットを知ろう	16
Section 003	ヤフオク!で売れるものを知ろう	18
Section 004	ヤフオク!を始めよう	20
Section 005	Yahoo! JAPAN IDを取得しよう	22
Section 006	Yahoo!プレミアムに会員登録しよう	26
Section 007	落札の流れを把握しよう	28
Section 008	ほしい商品を探すコツを把握しよう	30
Section 009	商品詳細ページの構成を理解しよう	32
Section 010	商品ウォッチのコツはココだ!	34
Column	ヤフオク!の利用停止について	36

第2章 まずはここから！基本の出品テクニック

Section 011	まずは身の回りのものを出品してみよう	38
Section 012	Yahoo!ウォレット登録&本人確認をしよう	40
Section 013	商品画像を撮影しよう	44
Section 014	商品タイトルを考えよう	46
Section 015	商品説明文を考えよう	48
Section 016	かんたん取引で出品しよう	50
Section 017	出品価格を設定しよう	52
Section 018	出品期間を設定しよう	54
Section 019	オークションの終了時間を工夫しよう	56

CONTENTS

Section 020	出品中の商品を管理しよう	58
Section 021	ユーザーからの質問に答えよう	60
Section 022	落札後の流れをチェックしよう	62
Section 023	取引ナビで連絡しよう	64
Section 024	発送を便利にするグッズを使って効率を上げよう	66
Section 025	出品時に利用できるオプション機能を把握しよう	68
Section 026	落札品の発送方法や補償について知ろう	70
Section 027	さまざまな支払い方法を用意しよう	74
Column	定形外郵便のメリット・デメリット	76

第3章 利益率アップ！商品仕入れテクニック

Section 028	商品を仕入れる前に出品に慣れよう	78
Section 029	どのようなカテゴリの商品を仕入れるか考えよう	80
Section 030	仕入れる商品をリサーチしよう	82
Section 031	国内仕入れと海外仕入れの違いと特徴	84
Section 032	ネット仕入れとリアル店舗仕入れの違いと特徴	86
Section 033	仕入れでの注意点を確認しよう	88
Section 034	大型古書店で商品を仕入れよう	90
Section 035	フリーマーケットで商品を仕入れよう	92
Section 036	家電量販店で商品を仕入れよう	94
Section 037	ネット問屋で商品を仕入れよう	96
Section 038	中小のネット問屋で仕入れよう	100
Section 039	セカイモンで海外から商品を仕入れよう	102
Section 040	ジャンク品を仕入れよう	104
Column	運送会社を指定されたら	106

落札率アップ！商品詳細ページ作成のテクニック

Section 041	ヤフオク!でできるテクニックは限られている	108
Section 042	ヤフオク!ユーザーの特徴を意識しよう	110
Section 043	ヤフオクで画像を4枚以上掲載するにはどうする?	112
Section 044	画像を見栄えよく加工しよう	114
Section 045	大量の画像を一括で処理しよう	116
Section 046	サイズの表記のしかたと基準を理解しよう	118
Section 047	商品説明文にいらないことは省こう①入札の制限	120
Section 048	商品説明文にいらないことは省こう②出品者のエゴ	122
Section 049	商品説明文にいらないことは省こう③余計な情報	124
Section 050	商品に保証を付けよう	126
Section 051	明記したほうがよいことを押さえよう	128
Section 052	商品によっては送料を無料にしよう	130
Section 053	利益を上げるために出品方法を工夫しよう	132
Section 054	出品テンプレートを利用しよう	134
Column	ランク分けをして商品状態について細かい情報を伝える	136

落札額アップ！商品出品＆発送のテクニック

Section 055	出品・発送時にひと工夫してライバルと差を付ける	138
Section 056	効率アップ!商品撮影のコツ	140
Section 057	画像にテキストを入れてアピールしよう	142
Section 058	GIFアニメーションを使って商品画像を掲載しよう	144
Section 059	紹介したい商品のリンクを作ろう(テキスト編)	146

CONTENTS

Section 060	紹介したい商品のリンクを作ろう（画像編）	148
Section 061	ウォッチリストを使いこなそう	150
Section 062	関連販売を狙おう	152
Section 063	販売のストーリーを考えよう	154
Section 064	出品時間に注意しよう	156
Section 065	「注目のオークション」を使いこなそう	158
Section 066	ヤフオク!独自の機能を便利に使おう	160
Section 067	要チェック!商品別梱包、発送テクニック	164
Section 068	過剰梱包に注意しよう	170
Section 069	ラッピングやメッセージカードを添えて発送しよう	172
Section 070	まだある!発送に関するテクニック	174
Column	画像の細かいゴミを取る	176

第6章 より大きく儲ける！売上拡大テクニック

Section 071	継続的に売上を上げていくためのコツ	178
Section 072	商品トレンドと季節のキーワードを押さえておこう	180
Section 073	もっと戦略的にヤフオク!で販売しよう	182
Section 074	自分の目標や強みを考えよう	186
Section 075	在庫管理を徹底して無駄をなくそう	190
Section 076	Amazonとの併売に挑戦しよう	194
Section 077	Amazonのリサーチ方法	196
Section 078	ヤフオク!の外注化を検討しよう	198
Section 079	不良品や不良在庫を現金化しよう	200
Section 080	確定申告について把握しておこう	202

海外からも買える！
さらなる商品仕入れテクニック

Section 081	海外仕入れのメリットを知ろう	206
Section 082	eBayで商品を仕入れよう	208
Section 083	Amazon.comで商品を仕入れよう	214
Section 084	転送業者を利用してeBayやAmazon.comで商品を仕入れよう	216
Section 085	タオバオ・アリババで商品を仕入れよう	220
Section 086	代行業者を利用してタオバオ・アリババから仕入れよう	224
Column	輸入品には日本語説明書を付けよう	228

ヤフオク！で使える
便利サービスで効率アップ！

Section 087	スマートフォンから手軽に出品しよう	230
Section 088	オークファンを利用しよう	236
Section 089	オークファンをさらに使いこなそう	238
Section 090	オークファンプロを利用しよう	246
Section 091	AppToolを利用しよう	250
Section 092	のんきーどっとねっとを利用しよう	252
Section 093	まだある！便利なヤフオク！関連サービス	258

CONTENTS

 ヤフオク！
トラブル即効解決 Q&A

Question 1	詐欺行為にあわないためにはどうすればよい？	262
Question 2	入札時に気を付けることはある？	263
Question 3	出品時に気を付けることはある？	264
Question 4	落札者から連絡がない……	265
Question 5	入金したのに商品が届かない！	266
Question 6	発送した（届いた）商品が壊れていた！	267
Question 7	クレーム対応はどうするの？	268
	索引	270

購入者特典キャンペーン開催中!!

本書をご購入頂きました皆様に下記特典をプレゼント!

1. アメリカ&中国輸入差額のある商品の情報
2. リサーチツール『あまログ』申込み枠
3. 輸入代行業者登録割引特典
4. 転送業者登録割引特典
5. 「中国輸入×Amazon」DVD特別割引

こちらからお受け取りください

http://www.umedajun.com/present/y-tokuten.html

本キャンペーンは予告なく終了する場合があります。
ご登録のアドレスにご案内等をさせて頂く場合がございます。
キャンペーンに関するお問い合わせは、上記ウェブサイトまでお願いいたします。

ご注意:ご購入・ご利用の前に必ずお読みください

- 本書に記載された内容は、情報の提供のみを目的としています。したがって、本書を用いた運用は、必ずお客様自身の責任と判断によって行ってください。これらの情報の運用の結果について、技術評論社および著者はいかなる責任も負いません。
- ソフトウェアに関する記述は、特に断りのない限り、2016年5月現在での最新バージョンをもとにしています。ソフトウェアはバージョンアップされる場合があり、本書での説明とは機能内容や画面図などが異なってしまうこともあり得ます。あらかじめご了承ください。
- インターネットの情報については、URLや画面などが変更されている可能性があります。ご注意ください。

以上の注意事項をご承諾いただいた上で、本書をご利用願います。これらの注意事項をお読みいただかずに、お問い合わせいただいても、技術評論社は対応しかねます。あらかじめご承知おきください。

■ 本書に掲載した会社名、プログラム名、システム名などは、米国およびその他の国における登録商標または商標です。本文中では™マーク、®マークは明記しておりません。

第1章

ヤフオク!の基礎知識

Section 001	ヤフオク!って何?	14
Section 002	ヤフオク!のメリットを知ろう	16
Section 003	ヤフオク!で売れるものを知ろう	18
Section 004	ヤフオク!を始めよう	20
Section 005	Yahoo! JAPAN IDを取得しよう	22
Section 006	Yahoo!プレミアムに会員登録しよう	26
Section 007	落札の流れを把握しよう	28
Section 008	ほしい商品を探すコツを把握しよう	30
Section 009	商品詳細ページの構成を理解しよう	32
Section 010	商品ウォッチのコツはココだ!	34
Column	ヤフオク!の利用停止について	36

第1章 ヤフオク！の基礎知識

Section 001

★ヤフオク！の基本

ヤフオク!って何？

本書のテーマはヤフオク！です。なじみのない人も多いかもしれませんが、実は月間で3,000万人以上のユーザーが訪れる巨大サイトです。そのヤフオク！の魅力、使い方や注意点など余すところなくお伝えします。

◆日本最大級のインターネットオークションサイト

　「ヤフオク！」（http://auctions.yahoo.co.jp/）は、Yahoo! JAPANが提供するインターネットオークションサイトです。以前は「Yahoo! オークション」という名称でしたが、2013年3月に今の「ヤフオク！」に名称変更されました。ヤフオク！は**日本最大級のインターネットオークションサイト**で、個人または法人が自由に商品の取引を行う機会を提供しています。売り手は、新品・中古に関わらず、商品を売ってもよいという価格で出品し、買い手はそれに希望する価格で申し込み（入札）ます。

　ヤフオク！では非常に多くの商品が取引されており、高額なものでは数千万円もするマンションやクルーザーのほか、高級外車も出品されています。また反対にとても安価で出品されているものもあり、中古のCD、DVDや古い腕時計などが1円で出品されていることも珍しくありません。

「ヤフオク！」
URL http://auctions.yahoo.co.jp/

▲「ヤフオク！」ではさまざまなものが取引されています。

ヤフオク！のしくみ

ヤフオク！が通常のネットショッピングと異なる点は、**購入希望者が複数いた場合に希望者同士が競り合うことで、申し込み可能な金額が上昇すること**です。最終的にもっとも申し込み金額が高い人が購入（落札）できる、というしくみです。

たとえば、1,000円で出品されている商品があったとします。入札者がいない場合あなたが1,000円で入札して、そのままオークションが終了すれば、その商品はあなたが落札できます。しかし、あなたが入札したあと、ほかの人は1,100円から入札ができ、もっとも高い価格で入札した人が落札者となります。この入札のために必要な上乗せ金額のことを**入札単位**といいます。上乗せする金額は現在価格によって決まっています。

現在の価格	入札単価
1円～1,000円未満	10円
1,000円～5,000円未満	100円
5,000円～1万円未満	250円
1万円～5万円未満	500円
5万円～	1,000円

◀ 入札単位は現在価格により変わります。

ルールが整備され安心して取引ができる

ヤフオク！は1999年に始まったサービスですが、サービスを開始してしばらくは、さまざまなトラブルが報告されていました。しかし、現在ではヤフオク！からトラブルへの対策や告知など、安全に取引ができるようさまざまな情報やサービスが提供されるようになり、ほとんどの被害を避けることができるようになりました。たとえばトラブルのあった銀行口座が開示されていて、この口座との取引は危険であることがわかるようになっています。このように、**初心者でも安全に、そして快適にインターネットオークションが試るようなルール環境が整備され、利用登録さえすれば誰でも気軽に参加できる**のが大きな特徴です。

「ヤフオク！護身術」
URL　http://special.auctions.yahoo.co.jp/html/auc/jp/notice/trouble/

◀ 「ヤフオク!護身術」ではトラブル口座リストのほか、困ったときのQ&A、いたずら入札トラブル申告制度などのサポート制度などを紹介しています。

第 1 章 ヤフオク！の基礎知識

ヤフオク!のメリットを知ろう

ヤフオク！には、ほかのネットショップサービスやオークションサイトにはない「市場の大きさ」「価格が上がること」「何でも販売できること」といった3つの大きなメリットがあります。

1,000万人以上が利用する「市場の大きさ」

　ヤフオク！には、3つの大きなメリットがあります。まず最初に挙げられるのは、**市場の大きさ**です。日本で最大級のインターネットオークションであるヤフオク！には、パソコン、スマートフォン合わせて1,000万人を超えるユーザーがいます。これだけたくさんのユーザーがいる市場に商品を出品できること自体が非常に大きなメリットです。実際の店舗にたとえると、人通りの多いメインストリートに面した店舗に無条件で出店できるようなもので、**ほかのインターネットオークションサイトと比較してもその集客力は段違い**です。

「数字で見るヤフオク！」
URL　http://topic.auctions.yahoo.co.jp/promo/infographic/#users

▲ ヤフオク!にはほかのオークションサイトやフリマサービスよりも、圧倒的な集客力があります。

複数入札で「価格が上がる」

２つ目は、オークションの特徴でもある「入札」というしくみが、ヤフオク！においてメリットとなります。これは、あらかじめ決められた価格で販売するネットショップとは違う点です。入札が複数あると、価格が上がります。価格が上がるには２人以上の入札が必要ですので、ユーザーの多いヤフオク！ではこの価格の上昇が起こりやすいのです。ときには入札相手に負けたくない、といった心理も働き、予想よりも思わぬ高値で落札されることも珍しいことではありません。

不用品からコレクションまで「何でも売れる」

ヤフオク！には1,000万人を超えるユーザーがいます。一般消費者もいれば、コレクターやマニアといわれる人たちなど、非常に多種多様な人が集まります。そうすると、たとえ自分では不用品だと思って出品したものでも、別の人から見ると必要なものであった、ということもあります。また、ヤフオク！ユーザーは日本全国にいるので、地域や環境によりその土地の人には不要でも、ほかの人にはお宝で探し回っていたものかもしれません。さらに中古品の取引が活発ですので新品でなければならないこともありませんし、まさに「売れないものはない」といっても過言ではないのがヤフオク！の魅力です。

▲ たとえば、ラップの芯や家電やゲームの説明書のみといったものが実際に出品、落札されています。

第1章 ヤフオク！の基礎知識

Section 003 ヤフオク！で売れるものを知ろう

★ヤフオク！の基本

ヤフオク！では多くのカテゴリに大量の商品が出品されています。しかし、そのすべてが売れているわけではありません。やはり人気のカテゴリや、ヤフオク！に出品する人たちが取り扱いやすい商品があります。

よく売れる傾向の商品は古着やわけあり商品

　前節でヤフオク！で売れないものはほとんどないといいましたが、具体的にはどのようなものが売れているのでしょうか。実は、**一番落札数の多いカテゴリはファッション**です。あなたも古着を買ったことがあるかもしれませんし、ヤフオク！ユーザーは比較的ユーズド商品に対して抵抗感が低いのではないでしょうか。古着もそうですが、たとえば使わなくなったダイエットグッズやタンスの奥にあるバッグなど、誰でも探せば不用品になるものがあると思います。あなたにとっては不要でも、どこかに必要としている人がいますので、そのようなものは出品してみましょう。そのほかには非売品、ハンドメイド、趣味のものや限定品などの**レアもの**や、展示品やキズものなど、**いわゆるわけあり商品なども非常によく売れる傾向**にあります。

▲サイズ違いだったジャケット、あまり利用していないバッグなどが数多く出品され、落札されています。

こんなものも売れる

　意外に思うかもしれませんが、壊れた電化製品や香水の空き瓶、ブランドものの買い物袋などといったものも、よく売れます。それも、そこそこの値段です。面白いものでは、トイレットペーパーの芯や松ぼっくり、流木、セミの抜け殻などが売れています。これにはそれぞれ理由があり、たとえば壊れた家電製品は修理の部品取りのため、トイレットペーパーの芯や松ぼっくりは子どもの工作のために親御さんが買うというケースです。セミの抜け殻は……筆者には使い道がまったくわかりませんが、100個単位などある程度まとまった数量で取引されていますので、学校などでの教材に使われているかもしれません。このように本当に**ありとあらゆるものに値段がつく、売れているのがヤフオク！**です。

▲トイレットペーパーやラップ、アルミホイルの芯など、意外なものが落札されます。

◆MEMO◆ ヤフオク！で売ってはいけないもの

法令に違反するコピー品をはじめとした著作権や商標を侵害する商品や、児童ポルノなどの出品が禁止されているのは当然のことですが、うっかり出品してしまいかねないものもあります。たとえばタバコです。海外のお土産だったりサンプルで街で配られていることもありますが、吸わないからといってもタバコは出品できません。また、同じように医薬品ももらいもので使わないとしても出品できない商品です。そのほか、「ヤフオク！出品禁止物」（http://guide.ec.yahoo.co.jp/notice/attention/type/prohibition-goods.html）で出品禁止商品を確認することができます。

上記の出品禁止とは別にコンサートなどのチケットで注意が必要なものがあります。有名アイドルやアーティストのコンサートチケットや、最近ではユニバーサルスタジオジャパン（USJ）がチケットの転売を禁止するなど、ヤフオク！では禁止されていなくても、発売元の措置によって使えなくなる可能性があるものは出品しないようにしましょう（「USJの転売されたチケットについての告知」（http://www.usj.co.jp/news/2015/1016.html）参照）。

第1章 ヤフオク！の基礎知識

ヤフオク!を始めよう

★ヤフオク!の基本

ヤフオク！の概要がわかったら、さっそくヤフオク！を始めましょう。ヤフオク！の始め方はとてもかんたんです。まずは、ヤフオク！を始める流れや、必要なものを確認しましょう。

◆ 落札、出品どちらから始める？

それではさっそくヤフオク！を始めましょう！ ヤフオク！はネットショッピングとは異なり、ユーザーは買い手であり売り手でもあります。始めるにあたり「落札」、「出品」のどちらからスタートするのがよいのでしょうか。

ヤフオク！を始めるにあたっては、**まず落札から学んでいきましょう**。そして、落札でオークションの流れを理解したら次に売り手、つまり出品者としてヤフオク！に参加していく、といった流れで進めていくのがわかりやすいです。「落札や出品なんてやったことがない！」という人でもスムーズに取り組んでいけるように、これから本書では、内容に合わせて細かく項目を区切り、手順を一つ一つ解説しながら進めますので心配する必要はありません。

●落札者から出品者へ

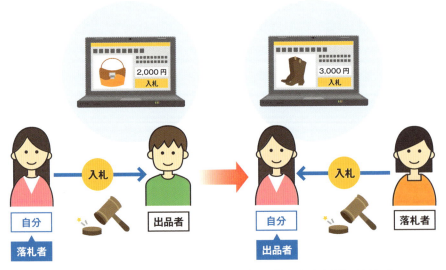

▲ まずは落札者として入札を行い、ヤフオク！のシステムなどを理解し、慣れてきたら出品をしてみましょう。

利用に必要なものを用意する

ヤフオク！に出品するためにはいくつか必要なものがあります。出品・落札するためにはヤフオク！の利用登録と **Yahoo! JAPAN ID**（Sec.005 参照）が必要となり、さらに出品するには **Yahoo! プレミアム**会員の登録(Sec.006 参照)は必須になります。

また、準備しておくものとして、デジタルカメラ（スマートフォンでも OK）、袋（商品を入れるものと梱包用のもの）、テープ、画像加工ソフト（フリーソフトで OK）などを用意しましょう。これだけあればとりあえず出品は可能です。

ほかにも、落札された場合に代金を支払ってもらう「**Yahoo! かんたん決済**」（Sec.027 参照）の設定や、代金を直接振り込んでもらう場合はそのための**銀行口座**の準備も必要です（Sec.027 参照）。そのほか、出品に関する内容は第 2 章で詳しく順を追って解説していきます。

●ヤフオク！開始前に準備しておくもの

・Yahoo! JAPAN ID の取得
・Yahoo! プレミアム会員の登録
・Yahoo! かんたん決済の登録
・銀行口座
・デジタルカメラ（スマートフォン可）
・袋（梱包用のもの）
・テープ
・画像加工ソフト　など

「Yahoo! JAPAN ID ガイド」
URL　http://id.yahoo.co.jp/

▲ Yahoo! JAPAN ID は、ヤフオク!以外にも、Yahoo! メールなどのさまざまな Yahoo! JAPAN のサービスが利用できます。ID とパスワードは必ず忘れないように控えておきましょう。

第1章 ヤフオク！の基礎知識

Yahoo! JAPAN IDを取得しよう

★ヤフオク！の基本

ヤフオク！を利用するためにはYahoo! JAPAN IDを必ず取得しなければなりません。ここでは、その手順について解説していきます。誰でもかんたんに取得できますので、まずは取得してしまいましょう。

◆ Yahoo! JAPAN ID を取得する

　ヤフオク！を始めるにあたっては、まずYahoo! JAPAN IDの登録が必要です。これからヤフオク！で入札や出品をするための会員登録といった方がわかりやすいかもしれません。IDの取得といっても難しいことは何もありません。手順に沿って行えばだれでもかんたんに登録ができます。ただし、ほかの人と同じID（すでに誰かが使っているID）は登録できませんので、いくつか候補を考えておくとよいでしょう。

❶ Yahoo! JAPANトップページ（http://www.yahoo.co.jp/）にアクセスします。

❷ ＜ヤフオク!＞をクリックします。

❸ ヤフオク!トップページの＜新規取得＞をクリックします。

❹ 連絡用メールアドレスを入力します。設定やパスワードの変更などでYahoo!と連絡を取るためのメールアドレスです。

❺ ヤフオク!で使いたいIDを入力します。このIDが名前の代わりとなって表示されます。

❻ パスワードを入力します。確認のため同じパスワードをもう一度入力します。

❼ 郵便番号、生年月日、性別を入力します。Yahoo! JAPAN IDやパスワードを忘れた場合に本人確認で必要になりますので正確に入力しましょう。

> ◆MEMO◆ **Yahoo! JAPAN IDとYahoo!メール**
>
> Yahoo! JAPAN IDは英字（アルファベット）と数字と _ （アンダーバー）が使用できます。それ以外の「|」や．（ドット）は使えません。なお、手順❹で連絡用のメールアドレスを入力すると、そのアドレスから導き出されたIDの候補が自動的に表示されます。このとき、そのIDがすでに使われていた場合はIDのうしろに「_ 数字」が入ります。表示された文字列でよければ次のパスワード入力に移りますが、気に入らなければIDの入力をやり直してください。何度でも再入力できますし、これから長い付き合いになるIDなので、気に入ったものを取得しましょう。またIDを作成すると同時にYahoo!メールの設定もされます。初期設定では、メールアドレスは「設定したID@yahoo.co.jp」となっています。

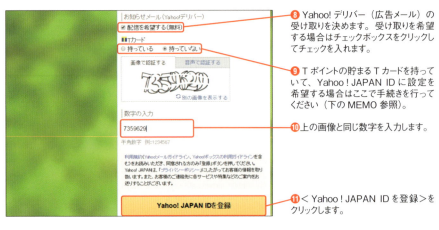

❽ Yahoo! デリバー（広告メール）の受け取りを決めます。受け取りを希望する場合はチェックボックスをクリックしてチェックを入れます。

❾ TポイントのTカードを持っていて、Yahoo! JAPAN ID に設定を希望する場合はここで手続きを行ってください（下のMEMO参照）。

❿ 上の画像と同じ数字を入力します。

⓫ ＜Yahoo! JAPAN ID を登録＞をクリックします。

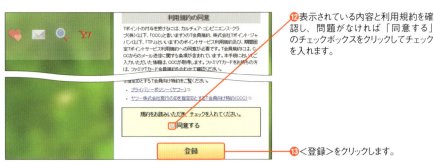

⓬ 表示されている内容と利用規約を確認し、問題がなければ「同意する」のチェックボックスをクリックしてチェックを入れます。

⓭ ＜登録＞をクリックします。

◆MEMO◆ Tポイント利用手続き

Tポイントカードを持っている人は、Yahoo! JAPAN ID の登録と同時にTポイントカードと連携の手続きを行っておくとよいでしょう（手順❾参照）。TポイントとYahoo! JAPAN ID を連携させておくことで、Tポイントを貯めることができます。

▲ TポイントカードのTカード番号を入力して、＜登録＞をクリックします。

▲ Tポイントの対象になるYahoo!のサービス一覧は、「http://points.yahoo.co.jp/save_use/」で確認できます。

⓮「登録が完了しました。」と表示され、Yahoo! JAPAN IDの取得が完了します。これで、ヤフオク!で落札ができるようになりました。

◆MEMO◆ Yahoo! JAPAN IDを複数取得して使い分ける

ヤフオク!を利用する際に複数のYahoo! JAPAN IDを取得して使い分けて利用することも可能です。複数のアカウントを使い分けるメリットとしては、たとえば出品する際にアカウントごとに専門のジャンル分けをしたり、入札用と出品用を分けたり、個人用と副業用で分けたりすることができます。しかし、デメリットもあり、Yahoo! ウォレット（Sec.012参照）でそれぞれの支払い方法を用意することや、Yahoo! プレミアム会員の費用を各アカウントごとに支払う必要があること、評価が集約されず分散されることなどがあります。
なお、Yahoo!側では、複数アカウントの取得をルール違反とはしていません。

第 1 章 ヤフオク！の基礎知識

Section 006

★ヤフオク！の基本

Yahoo!プレミアムに会員登録しよう

ヤフオク！のすべてのサービスを利用するためにはYahoo! JAPAN IDのほかにプレミアム会員登録が必要です。月額有料サービスですが、特典や使えるサービスを考えると決して高いものではないでしょう。

◆ Yahoo! プレミアムに会員登録する

　ヤフオク！に出品するにあたり、**Yahoo! プレミアム会員**（月額税別462円）に登録しておきましょう。以前は落札や出品時に会員登録が必要でしたが、現在は利用規制が緩和され、出品と特定のカテゴリ（自動車やボートなど）への入札時に必要です。本書では出品することも目的にしているので、早めに登録をしておき、いつでも出品できるようにしておきましょう。また、Yahoo! プレミアムはヤフオク！への出品以外にもさまざまな特典（http://premium.yahoo.co.jp/search/）があるので、オークション以外でも活用できます。

●出品までの流れ

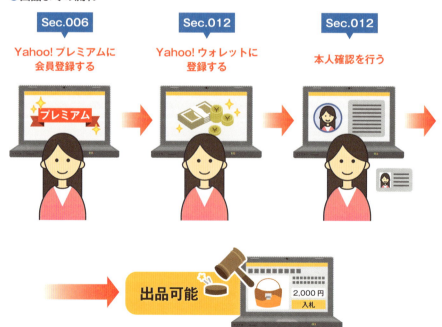

❶ Yahoo!にログインした状態で、Yahoo!プレミアムトップページ（http://premium.yahoo.co.jp/）にアクセスし、＜Yahoo!プレミアムに会員登録＞をクリックします。

❷ クレジットカード情報を入力します。

❸ ＜はい＞をクリックします。

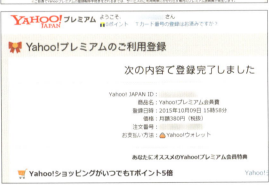

❹「次の内容で登録完了しました」と表示され、Yahoo!プレミアムへの会員登録手続きが完了します。

第1章 ヤフオク!の基礎知識

◆MEMO◆ **クレジットカードがない場合**

クレジットカードがない場合は、ジャパンネット銀行、みずほ銀行、三菱東京UFJ銀行、楽天銀行の銀行口座でも登録ができます。なお、ジャパンネット銀行以外は事前に自動口座振替契約が必要です（http://wallet.yahoo.co.jp/start/bank.html）。

第1章 ヤフオク！の基礎知識

Section 007

落札の流れを把握しよう

★ヤフオク！の基本

ヤフオク!を始めるにあたって、取引の流れを把握しておくことはとても重要です。ここでは、まずは落札者として取引の流れを理解し、この先出品者になるときに困らないようにしましょう。

まずは落札者として流れを把握する

　ヤフオク！に参加するにあたり、初めはいきなり出品ではなく、すでに出品されているものに対して入札、落札をすることで、**取引の流れを掴みましょう**。落札の流れを把握することで、出品にスムーズに取り組むことができ、自分がなぜ落札しようとしたのかを考えることで出品の工夫にもつながります。ヤフオク！の落札はかんたんにいうと下記のような流れになります。

◆①商品を検索する

　商品を検索したら、商品の情報を確認しましょう。とくに、「自分が求めている商品か」（中には検索のために別の商品をタイトルに入れている場合があり、よく似た別の商品ということもある）、「商品の状態（新品・中古）に対し妥当な価格か」「送料が割高でないか」の3つのチェックポイントについて確認します。

◆②入札する

　商品の内容や価格、出品者の情報が問題なさそうであれば、自分が出してもよいと思う金額で入札をします。**出品者が問題ない人物かどうかは、評価などを判断基準の1つにするとよいでしょう**。

　なお、即決価格（上限価格）が設定されているオークションでは、即決価格以上で入札すると、その時点で落札になってしまいますので注意してください。

▲ 評価で重要視したいのは非常に悪い・悪い評価（傘マーク）です。少ないほどよいのですが、1件でもあったら取引しないべきというわけではなく、割合が95％以上であれば問題ありません。

◆③オークション終了時間まで待つ

入札したら、オークション終了時間までドキドキしながら待ちましょう。もし自分の入札額よりも高値でほかの人に入札されてしまったら、さらに入札をするか、止めるかを考えます。さらに入札する場合は自分が最高入札者になるまで入札をくり返すこともあります。しかし、入札最高価格が自分の出せる金額以上になってしまった場合は、諦めるという選択肢も出てくることでしょう。また、**あらかじめ自分が出せる最大限の金額を入札しておき**、自動入札（P.238 参照）に任せるという手もあります。

入札更新をくり返してオークション終了時点で自分が最高入札者であれば、晴れて落札となり、出品者と商品を取引することとなります。

◆④落札したら

落札したら、出品者と連絡を取り合って代金を支払わなければなりません。取引方法は「取引ナビ」か「かんたん取引」となります（Sec.023 参照）。どちらの取引方法でも、決済方法がわかればそれに従い代金を支払い、同時に商品の配送先を伝えます。あとは商品が届くの待ちましょう。後日商品が届いたら中身を確認し、配送や入金・発送の連絡など取引全般に問題がなければ、出品者に評価をして終了となります。

●落札者のオークションの流れ

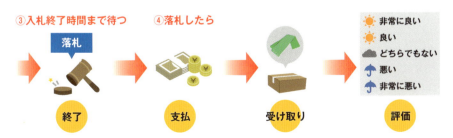

▲ オークションの一連の流れをしっかり把握しておきましょう。

第 1 章　ヤフオク！の基礎知識

ほしい商品を探すコツを把握しよう

★ ヤフオク！の基本

> 商品を探している人の多くは、検索を利用します。商品タイトルは出品者が検索してもらうため、いろいろな工夫がされています。落札する側はうまく検索して、よい商品を見つけたいものです。

◆ 検索をマスターする

　ヤフオク！には4,000万点を超える出品商品があるので、そのすべてを見ることは不可能です。はっきりと検索する商品名などが決まっている場合はトップページの検索語入力欄からの検索でも構いませんが、まだぼんやりしている場合は、ある程度カテゴリを絞ってから検索するとよいでしょう。

　現在のヤフオク！では検索で商品を探す人が多いので、商品タイトルもそれを意識したものになっています。ですから落札するほうとしても、**出品者がどのようなキーワードを商品タイトルに入れるかということを考えた語句で検索**するとよいでしょう。

◆ 条件を指定して検索する

　検索の条件を指定することで、キーワードのほか、タイトルと商品説明など検索の対象や価格帯や出品地域、新品または中古の商品状態などさまざまな条件を指定した詳細な検索ができます。

　また、キーワード検索は、ある語句が含まれる場合（語句同士をスペースで区切る **AND 検索**）や最低1つの語句を含む場合（語句を（）でくくる **OR 検索**）、特定の語句を含めない場合（不要な語句の前に - を入れる **NOT 検索**）の検索が可能です。AND 検索、OR 検索、NOT 検索は条件指定の際だけではなく、ヤフオク！の検索語入力欄でも使うことができます。

　ここでは例として、私のほしいものを検索します。実は筆者はブランドのせっけんが大好きです。これをヤフオク！で検索するには大変です。一口に「せっけん」といっても、石鹸・セッケン・せっけん・石けん……と4種類も表記があり、さらにブランドはブルガリ、シャネル、ジバンシィなどたくさんあります。各ブランドで「石けん　ブルガリ」、「石鹸　ブルガリ」……と個別に検索していたら時間がいくらあっても足りません。そこで、この検索を先ほど解説した、AND、OR、NOT 検索を用いて、1回で検索できるようにします。

▲ AND、OR、NOT 検索をうまく利用することで、1 回の検索で効率よく商品が検索できます。また、画面左の「検索条件」では、さまざまな条件を設定して検索できます。

　OR 検索の「( )」を 2 つ並べて AND 検索とし、さらに NOT 検索の「-」を利用する例です。このワードで検索すると、「石鹸」「セッケン」「せっけん」「石けん」のいずれかに加え、「ブルガリ」「シャネル」「ジバンシィ」「エルメス」のいずれかがタイトルに入り、「ボディ」というワードが入っていない商品タイトルがヒットするようになります。これで筆者のほしいブランドもののせっけんをヤフオク！で探すことができるようになりました。

◆ 検索条件を保存する

　一度検索した内容を、再度利用するときのために検索条件の保存ができます。検索結果ページ左上の＜この条件を保存＞をクリックし、検索結果のリスト表示の名称を決めます。入力したら＜保存＞をクリックすると完了です。

▲ ヤフオク！のトップページ検索語入力欄の下に保存した検索条件が表示されます。クリックすると、同じ条件で検索することができます。

第1章 ヤフオク！の基礎知識

商品詳細ページの構成を理解しよう

ヤフオク！で売買するにあたっては、商品詳細ページの見方を知らなくてはいけません。慣れもありますが、見るべきポイントがいくつかあるので、実際の商品詳細ページを見ながら解説していきます。

商品詳細ページについて知る

　お目当ての商品は見つかりましたか？　ヤフオク！には本当にたくさんの商品がありますので、あれこれ迷ってしまったかもしれません。ここからは実際の商品詳細ページを見ながら入札時に見るべきポイントを解説していきます。

◆商品画像、現在の状況

　商品詳細ページの中央には、**最大で3枚の商品画像**が掲載されます。右には商品の現在の状況が表示されています。現在の入札件数、残り時間、そして現在価格です。この現在価格で買ってもよいと思えば、その下にある＜入札する＞をクリックして入札を行います。＜入札する＞の下には、出品者の情報が表示されています。ここには出品者IDとともに、**出品者のこれまでの評価**の確認ができます。

◆商品説明、支払い、発送

　商品画像の下は、商品説明や支払い、配送についての情報が記載されています。ここで、送料や商品の詳細について確認します。ヤフオク！はネットショッピングとは異なり、**入札のキャンセルは基本的にできません**。これらページのすみずみまで見て見落としがないかをしっかりと確認し、納得がいく商品であれば入札しましょう。

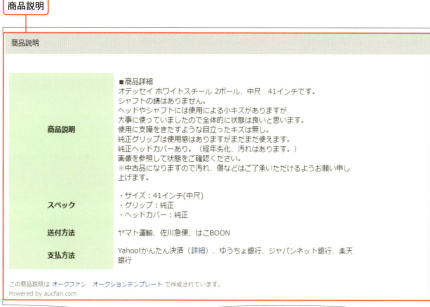

商品説明

支払い方法　　　　　　　　　　　　　配送方法

第 1 章 ヤフオク！の基礎知識

商品ウォッチのコツはココだ！

ヤフオク！で気に入った商品を見つけたら、「ウォッチリスト」に保存しましょう。ウォッチリストをうまく利用することで、気に入った商品を安く落札できることもあります。ここでは、その使い方を解説します。

ウォッチリストに登録する

　検索をしていて「気になる商品」や、「現在価格は低いけれども、入札が複数あり残り時間も数日なので今後の推移を見たい商品」など、今は入札にはいたらなくても、**今後の展開次第で入札するかもしれない商品**があると思います。そのような商品を保存できるのが、**「ウォッチリスト」**です。インターネットブラウザで、お気に入りのWebサイトを保存しておくブックマークのような機能です。

　ウォッチリストに追加するためには、商品詳細ページの右側、残り時間の右側の＜ウォッチ＞をクリックすると追加されます。これまでに登録したウォッチリストは、検索語入力欄の右側にある＜ウォッチ＞をクリックすると確認できます。リストは、出品中か終了後かで開催中のオークションと終了したオークションに分かれてリストになっています。

❶商品詳細ページで、＜ウォッチ＞をクリックします。

❷商品がウォッチリストに登録されます。

ウォッチリスト利用のコツを把握する

　ウォッチリストへ追加するときに、ちょっとしたコツがあります。それは、「一番よい」や「二番目によい」などはあまり考えずに、**ちょっとでもよいと思ったらとりあえず登録しておく**ことです。あとで見たときに違った印象になることもあり、時間を開けてもう一度探そうとしても見つからないケースが多くあります。特に限定品などは、発見できないと後悔してしまいます。そして、入札する商品は、**できるだけ多くの中から選ぶ**ようにしましょう。比較する商品数が少ないと、落札できなかったときにまたいちから探し直しになるため、今見ている商品を何としても落札しようとして必要以上に高額な入札をしてしまいがちです。**多くの商品から選ぶ**ことで、こちらがダメでもあっちがある、と落ち着いた商品選び、入札ができるようになります。

▲ ウォッチリストは開催中のオークション、終了したオークションをそれぞれ一覧で見ることができます。

> **◆MEMO◆ ウォッチリストの意味**
>
> あなたが商品を出品した場合、その商品詳細ページの人気を見る指標はアクセス数とウォッチリストです。ウォッチリストはブックマークのようなもので、気になる商品を登録しておくものです。それに対してアクセス数は単純にそのページに訪れた人の数を表しています。
> そのため、アクセス数が1,000件あってもウォッチリストが1件であれば、その商品はたいして人気のない商品であるといえます。この場合アクセス数はありますので人は引き付けていると思いますが、何かが原因でウォッチリストに入れてもらえない状態です。商品が落札されるにはアクセス数よりもいかにウォッチリストにたくさん登録してもらうかが大事になってきます。出品した商品詳細ページにたくさんのアクセスがあるからといって満足はできません。いかにたくさんのウォッチリストに登録されるか、どうすればウォッチリストの登録件数が増やせるかを意識して、出品ページの作成、出品の設定をしてください。

ヤフオク!の利用停止について

　ヤフオク!では、ガイドラインに違反した場合など、IDが利用停止になることがあります。多くの場合は違反する商品を出品していたり、質問や評価などで相手の個人情報を晒してしまったりと、ガイドラインに違反する行為があったときです。しかし、意図せずに規約違反してしまうこともあります。とくにブランド品や知的財産にかかわるもの（海賊版・コピー品など）は厳しくチェックされるので、注意してください。こんなことを書くと尻込みするかもしれませんが、きちんと「出品にあたっての注意」を把握して遵守すれば何も恐れることはありません。ガイドラインでは、ルールが細かく明記されていますので、しっかりと読んでおきましょう。

「ご利用にあたっての注意」
URL　http://guide.ec.yahoo.co.jp/notice/attention/

◆ヤフオク!の利用停止

　利用停止には、「利用停止中」（規約やガイドライン違反の疑いがあるため、一時的に停止）と、「登録削除済み」（利用者またはガイドライン違反Yahoo! JAPANによりIDが削除された状態）の2種類があります。いきなり削除されることはまずありませんが、停止になると利用停止を通知するメールがきます。

　利用停止になると、出品中の商品がすべて強制的に終了させられます。また、何の規約違反なのかは問い合わせても教えてもらえません。異議を申し立てることはできますが、IDが復活することはまずありません。こうなると、新たにIDを取りなおさなければなりませんが、受け付けてもらえなかったり、同じクレジットカードが使えないほか、利用停止になったIDと関連性が認められた場合、取り直したIDも利用停止になることがあります。このような事態にならないよう、初めからガイドラインを守ることを肝に銘じてください。

◀ 停止になると「【Yahoo! JAPAN】オークション、ショッピング-利用停止のお知らせ」という件名のメールがきます。

第2章

まずはここから！
基本の出品テクニック

Section 011	まずは身の回りのものを出品してみよう……………………………… 38
Section 012	Yahoo!ウォレット登録&本人確認をしよう……………………… 40
Section 013	商品画像を撮影しよう…………………………………………………… 44
Section 014	商品タイトルを考えよう………………………………………………… 46
Section 015	商品説明文を考えよう…………………………………………………… 48
Section 016	かんたん取引で出品しよう……………………………………………… 50
Section 017	出品価格を設定しよう…………………………………………………… 52
Section 018	出品期間を設定しよう…………………………………………………… 54
Section 019	オークションの終了時間を工夫しよう………………………………… 56
Section 020	出品中の商品を管理しよう……………………………………………… 58
Section 021	ユーザーからの質問に答えよう………………………………………… 60
Section 022	落札後の流れをチェックしよう………………………………………… 62
Section 023	取引ナビで連絡しよう…………………………………………………… 64
Section 024	発送を便利にするグッズを使って効率を上げよう…………………… 66
Section 025	出品時に利用できるオプション機能を把握しよう…………………… 68
Section 026	落札品の発送方法や補償について知ろう……………………………… 70
Section 027	さまざまな支払い方法を用意しよう…………………………………… 74
👑 Column	定形外郵便のメリット・デメリット…………………………………… 76

第2章 まずはここから！基本の出品テクニック

まずは身の回りのものを出品してみよう

★出品テクニック

初めての出品で、いきなり何か仕入れて出品するというのも、ハードルが高いと思います。そこで、まずは家の中にある不要品を出品することで、一連の流れに慣れるようにしましょう。

◆ 出品に慣れることが大切

　初めてオークションをする人がいきなり商品の仕入れをするのは難しいので、まずは身の回りのものを出品することをおすすめします。すでにいらないものであれば、リスクもありません。自分にとっては不要品でも、ほかの誰かにとっては、すごくほしいものかもしれません。ヤフオク！のユーザーは全国にいますので、いらないと思うものは思い切って出品してみましょう。また、**不要品を出品することで、出品の流れに慣れることができます**。さらに今後、仕入れをして利益を上げていくための仕入れ資金を作ることができます。さらに、不要品をどんどん売ってしまうことで、部屋や家が少し片付くという、ちょっとしたメリットもあります。

●不要品を出品するメリット

・出品の流れに慣れることができる
・今後、仕入れる際の資金ができる
・部屋が片付く

◆ 出品にかかる費用とは

　出品にあたり、最低限かかる費用を確認しておきましょう。まず、ヤフオク！に出品するために必要な **Yahoo! プレミアムの会員費**（Sec.006 参照）です。出品時の出品システム利用料は発生しませんが（自動車など一部カテゴリでは発生）、落札されたときは **落札システム手数料** として、落札価格の 8.64% をヤフオク！に支払います。例外として落札額が 624 円以下で送料の負担が落札者になっている場合は、落札額に関係なく 54 円の落札システム利用料となります。ただし、一部のカテゴリは、送料の負担が落札者でも落札額に関係なく落札価格の 8.64%（税込）が手数料となります（P.39 表の[※3]参照）。送料が出品者負担の場合は、落札額に関係なく落札額の 8.64% が落札システム手数料となります。そのほかにアクセス数アップのための有料オプションなどを利用すれば、その分の費用も発生します。

● 出品にかかる費用

Yahoo! プレミアム会員費	月額 380 円（税別）
出品システム利用料	無料（自動車などは税込 3,024 円）※1
落札システム利用料※2	送料が出品者→落札価格の 8.64%（税込）
	送料が落札者→落札価格が 624 円以下の場合は 54 円（税込）、落札価格が 625 円以上落札価格の 8.64%（税込）※3
オプション利用料	有料オプション利用時に限る（Sec.025 参照）

※1、2　自動車やバイク、ボートなどは出品システム利用料、落札システム利用料が通常と異なる（http://www.yahoo-help.jp/app/answers/detail/a_id/70069/p/353#fee-2）。
※3　本やゲーム、官製はがき、ベビー服などは、送料負担が落札者で落札価格が 624 円以下の場合も落札価格の 5.40%（税込）となる（http://www.yahoo-help.jp/app/answers/detail/p/353/a_id/89795）。

◆ **出品前にガイドラインを確認する**

次に出品する商品についてです。ヤフオク！にはほとんど何でも出品できると解説しましたが、やはりそこはルールがあります。事前にガイドラインで確認しておきましょう。

「ヤフオク！ガイドライン」
URL　http://special.auctions.yahoo.co.jp/html/guidelines.html

◀ ヤフオク!に関する規約はすべてここにあります。よく読んで違反にならないようにしてください。

出品するにあたり準備しておくものは、Sec.004 を参照しましょう。流れとしては、商品タイトルや商品情報、画像などを用意し、出品のフォームに従って入力すればかんたんに出品できます（Sec.013 〜 015 参照）。また、出品価格については、ヤフオク！には過去の落札結果を見られる機能があるので、価格設定に迷うこともあまりありません（Sec.017 参照）。各項目について詳しくはこのあと解説していきます。この段階で不要品を出品する一番の目的は、あくまでも「出品に慣れる」ことが第一と考えましょう。

第2章 まずはここから！基本の出品テクニック

Yahoo!ウォレット登録&本人確認をしよう

★出品テクニック

出品するためには、Yahoo!ウォレットの登録と本人確認が必要です。本人確認は、Yahoo!かんたん決済の受け取りのために登録したユーザーが、間違いなく実在するかを確認するための作業になります。

◆ Yahoo!ウォレットに登録する

　Yahoo!ウォレットとは、Yahoo! JAPANで使える支払い手段などを提供しているインターネットのお財布のようなサービスです。Yahoo! JAPANの有料サービス、有料コンテンツの支払いなどが行えます。また、**ヤフオク！のシステム利用料の支払いはYahoo!ウォレットで行う**ため、出品者は登録が必須となります。

ここでは、支払い方法をクレジットカードで登録する手順を紹介します。

❶ ヤフオク!トップページを表示して、＜出品＞をクリックします。

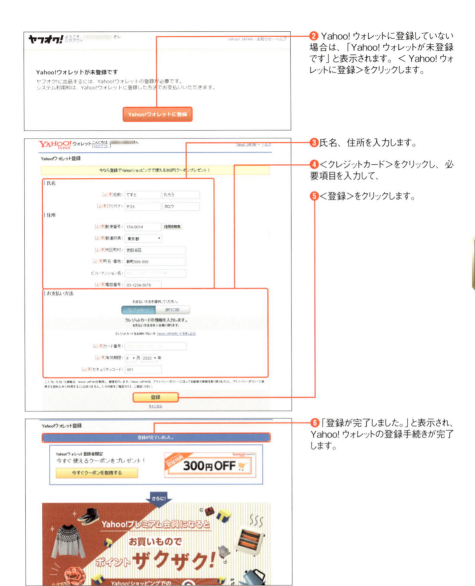

❷ Yahoo! ウォレットに登録していない場合は、「Yahoo! ウォレットが未登録です」と表示されます。＜Yahoo! ウォレットに登録＞をクリックします。

❸ 氏名、住所を入力します。

❹ ＜クレジットカード＞をクリックし、必要項目を入力して、

❺ ＜登録＞をクリックします。

❻ 「登録が完了しました。」と表示され、Yahoo! ウォレットの登録手続きが完了します。

第2章 まずはここから！基本の出品テクニック

◆MEMO◆ クレジットカードが登録済みの場合

Sec.006 で Yahoo! プレミアム会員に登録済みの場合は、手順❷の画面では登録したクレジットカード情報が表示されます。ほかのクレジットカードを使いたい、銀行振込で支払いたいなど、ほかの決済を利用したい場合は＜別の支払い方法＞をクリックして、希望する支払い方法を選んで登録してください。

本人確認を手続きする

　本人確認をするのは、詐欺などを防ぐために必要な作業であり、とても大事なことです。確認方法は、**確認書類を送ってもらう方法**と、**モバイルで行う方法**の2パターンがあります。確認書類を送ってもらう場合は佐川急便によって届けられ、書類が手元に届くのに通常4日～1週間程度かかります（P.43 MEMO参照）。一方モバイルでの確認は、携帯電話やスマートフォンで手軽にその場でできて完了するので、とてもかんたんです。すぐにヤフオク！に出品したい場合や、自宅は不在がちなどの理由で宅配便では受け取りづらい場合は、モバイルで本人確認を行いましょう。本書はモバイルで確認手続きを行う手順を紹介します。

❶ Yahoo! ウォレットに登録した上で、ヤフオク!のトップページから右上の「出品」をクリックします。本人確認の手続きに移行します。

❷ ＜モバイル確認＞をクリックします。

◆MEMO◆ 本人確認が免除される例

例外としてYahoo!BBとプロバイダ契約をしている人、またはYahoo! カード（クレジットカード）を保有している人は、その契約時の身元確認と同じ作業になるので、本人確認が免除されています。そのほかには2004年3月1日以前にYahoo! プレミアムに登録してYahoo! JAPAN IDを持っている場合などもあります。

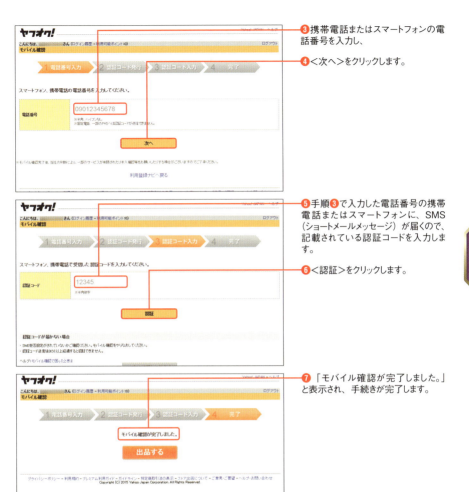

❸携帯電話またはスマートフォンの電話番号を入力し、

❹＜次へ＞をクリックします。

❺手順❸で入力した電話番号の携帯電話またはスマートフォンに、SMS（ショートメールメッセージ）が届くので、記載されている認証コードを入力します。

❻＜認証＞をクリックします。

❼「モバイル確認が完了しました。」と表示され、手続きが完了します。

◆MEMO◆ 確認書類で本人確認を行う

確認書類を配送してもらう場合の手順は以下の通りです。

1. 配送での本人確認の手続きを申し込む
2. 佐川急便が、登録した住所に本人確認書類を配達する（勤務先などはできない）
3. 受取時に配達員へ本人確認を行う（本人であることを証明する免許証や保険証を提示）
4. 本人確認資料を受け取る
5. しばらくすると、Yahoo! JAPAN からメールが届く
6. メールに記載されている URL を開き、書類に記載されている暗証番号を入力する
7. 手続きが完了する

第 2 章 まずはここから！基本の出品テクニック

Section 013

★出品テクニック

商品画像を撮影しよう

ヤフオク！に出品する場合、基本的に商品画像は自分で撮影する必要があります。適当に撮影したものでは商品の魅力は伝わりません。コツを知って上手に撮影しましょう。

◆ 商品画像は入札決定を左右する大きな役割

　出品するには、商品がどんなものなのかを落札者にわかってもらう必要があります。そのためにはやはり画像は欠かせません。通常のお店のように手に取って見ることができないので、なおさら画像の役割は重要です。入札をする・しないの判断は、画像が 80％といっても過言ではありません。ヤフオク！で使う**画像は、必ず実際の商品を自分で撮影して掲載する**ようにしましょう。

　ここで間違ってはいけないのは、最高の 1 枚を撮る必要はないということです。**ヤフオク！で必要な画像はいかにわかりやすいか**ということで、いかにきれいかということではありません。自己満足でカッコよい画像を載せたとしても、それが見ている人にとってわかりにくければ意味がありません。

　わかりやすい画像を撮影するためのポイントとしては、まず、カメラの**フラッシュは使わない**ことです。カーテンを閉めて、できるだけ自然光が入らないところで撮影するようにします。また、**1 枚目の画像はひと目でどんな商品かがわかることが大事**です。落札者は検索をして商品を探します。そのときに、検索結果のサムネイル（小さい画像）でまず商品を判断するので、あまりごちゃごちゃとさせないようにしてください。基本は斜めから撮影すると全体がよくわかります。付属品などは 2 枚目、3 枚目などにします。参考にいくつかの事例を紹介します。

▲ お皿など反射しやすいものは、立てて撮影すると映り込みが少なくて済みます。

▲ フィギュアのような商品は、全体が入っていることが大切です。

▲ 服類はトルソーがあればベストですが、なければハンガーよりも平置きがベターです。

▲ ゴルフクラブはソール側のモデル名がわかるように撮影します。

▲ 靴の全体のデザインがわかるようにすることと、ソールが確認できるように撮影します。

▲ バッグは正面とサイドの両方が確認できるように撮影します。

それぞれの画像の役割を明確に

　ヤフオク！は基本的に画像を3枚まで掲載できます。枚数が限られていますので、この3枚を有効に使うことが重要です。

　まず1枚目は、その商品が何であるかがひと目でわかる画像です。2枚目は違う角度や特徴（傷や汚れも含めて）、3枚目に付属品などを含めた送るもの全部、または付属品のみ（2枚目と3枚目は順番が逆でもOK）、というようにそれぞれの**画像の役割を明確にすることで、インパクトとわかりやすさの両立が可能**になります。たった3枚の画像ですが、その中でいかにわかりやすくインパクトのある画像を載せられるかどうかが、落札を大きく左右します。なお、ヤフオク！ではある方法を使うことで4枚以上の画像を掲載できるようになりますが、その方法については第4章で詳しく解説します。

▲ 全体、付属品、そのほかの画像とそれぞれの役割がきちんとしている例です。

第2章 まずはここから！基本の出品テクニック

商品タイトルを考えよう

★出品テクニック

落札者の多くが検索を利用して探すので、商品タイトルは非常に重要です。商品がいかに検索されるかを意識する必要があります。検索されてアクセスしてもらわない限り、どんな商品でも売れることはありません。

商品タイトルに必要なもの・不要なもの

　まず、商品タイトルに最低限入れるべき内容というものがあります。それは、**ブランド名、商品名、カラーサイズ、限定など、もっとも商品の特徴となるもの**です。これを優先順位第1グループとし、これらを入れてまだ文字数に余裕があれば、優先順位第2グループの商品の型番、カテゴリ、素材、使用対象を追加します。さらに文字数に余裕がある場合は優先順位第3グループの装飾語、「1円」「美品」「激安」などを入れていきましょう。

　なお、文字数の制限が30文字なので、できる限り商品に関係のない「★」「●」「■」「※」などの記号は使わないようにしてください。「●」で検索する人はまずいません。入力してみるとわかりますが、30文字は本当に短いので、不要なものをダラダラと並べるようなスペースはありません。

●商品タイトルに入れるべきワード

項目	項目
優先順位第1グループ	ブランド名、カラーサイズ、商品名、限定など
優先順位第2グループ	商品の型番、素材、カテゴリ、使用対象など
優先順位第3グループ	1円、激安、美品など

◀ ほかの出品者の出品商品のタイトルを見て、研究してみましょう。

商品タイトルを作成する

たとえば、ナイキのエアマックスというスニーカーがあります。この商品は、「ナイキ　エアマックス」だけではピンポイントな検索にはなかなか引っかかりません。そこで、モデルとカラーを追加します。

「ナイキ エアマックス 95 イエロー」

まだ文字数が入るので、日米のサイズを追加します。

「ナイキ エアマックス 95 イエロー グラデ　US9 27.5cm」

商品タイトルを見ただけで、どのような商品かがわかるようになりました。このようにして商品タイトルを作成していきます。**単語と単語の間には半角でスペース**を入れてください。単語の検索にヒットさせるためです。この節の冒頭でも解説しましたが、いかに検索されるかが大事なので、**商品タイトルを文章にする必要はまったくありません**。極端なことをいえば、単語の羅列でOKです。ちなみに、以前はブランド名にアルファベットとカタカナの両方を入れていましたが、現在は有名なブランドであればどちらでも検索にヒットするようになっています。

▲ どちらのタイトルのほうが情報量（単語）が多いでしょうか。単語が多いと、それだけ検索に引っかかる可能性も高くなります。

第2章 まずはここから！基本の出品テクニック

商品説明文を考えよう

★出品テクニック

落札者が商品タイトルと商品画像を見て商品に興味を持ったとき、最後にそっとひと押しするのが商品説明文です。この商品説明文が雑であると、落札者は買いたい熱が一気に冷めてしまいます。

◆ポイントは「送料」と「商品の状態」◆

　まずは落札者は最低限、商品の内容や仕様など、出品されている商品の情報を知る必要があります。サイズやカラー、機能、大きさは記載して当然ですが、それ以外には送料が非常に重要です。あるテストの結果では、ヤフオク！の商品詳細ページを見た人は、商品画像と現在価格を見たあとに送料を確認する傾向にありました。このような結果からも、**送料ははっきりとわかりやすく商品詳細ページに記載**しましょう。もし、送料無料や全国一律料金など落札者にとってメリットが出せるようであれば、特に目立つようにするのがベストです。

　また、「商品の状態」については、必ず載せるようにしましょう。新品であればひと言で済みますが、**特に中古品の場合、商品の状態は非常に重要**です。不具合や傷などのマイナス面もしっかりと記載するようにします。このとき、必ず正直に書きましょう。もし説明のなかった傷や破損などがあった場合は、高い確率でクレームになります。ありのままを書くことで安心感が生まれますので、効果的な最後のひと押しになります。

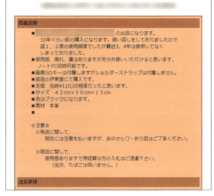

▲ いろいろな発送方法に対応、さらに送料まで明記されていて丁寧です。

▲ 使っていた期間や頻度、付属品について細かく記載されています。

ヤフオク！ユーザーの特徴を把握して説明文を書く

　ヤフオク！のユーザーは自分がどのような商品がほしいのかが明確な人が多く、また、インターネットのヘビーユーザーが多いのが特徴です。特にレアものや限定品の取引などは、非常に商品に詳しいマニアの人もよく利用します。とはいえ、卓越した文章力は不要です。商品について箇条書きで書けば、必要な情報は十分に伝わります。うまく書くことよりも、**どれだけ商品の特徴やアピールポイント、欠点などを端的に伝えられるか**のほうが大事なのです。反対に個人の思い入れが強すぎる文面は落札者が引いてしまい、面倒くさそうな出品者、ややこしそうな出品者と思われてしまいかねません。非常にもったいので、ほどほどにしましょう。ヤフオク！は画面を通じて伝えるしかありません。どのような形式や内容であれば読んでもらえるのかを意識して、商品説明文をつくりましょう。

　そもそも落札者は買うつもりで探しているので、**その熱を冷まさせないように心がける**ことが重要です。商品の状態やできることできないことをはっきりと書いて、落札者の希望に合うかどうかをしっかりと確認してもらえるようにしましょう。

・入札を制限する記載（ノークレームノーリターン、神経質な方NG、新規・初心者NGなど）

・余計な情報（出品の経緯、商品への熱い思い、ブランドの成り立ちなど）

・商品の仕様・特徴などの最低限必要な情報

・ハッキリと明記した送料や発送方法

・商品の状態（特に中古品の場合、欠点や中古ランクの明記）

・タバコを吸っていない、ペットを飼っていないなどの安心感を与える情報

・ファッション関連などは自分で測ったサイズ情報

　商品説明に書いたほうがよいもの、書いてはいけないものの詳細は、第4章でも解説します。ここではまず基本を押さえてください。

第2章 まずはここから！基本の出品テクニック

かんたん取引で出品しよう

★出品テクニック

出品後のやり取りは、通常の手順で出品すると「取引ナビ」での取引となり、かんたん取引で出品すると、「取引ナビ（ベータ版）」での取引となります。後者は出品者から連絡する必要もなく、スムーズに取引できます。

出品はかんたん取引がおすすめ

以前は落札後に出品者が自分の氏名や連絡先などを落札者に伝え、発送先や発送方法、送料などのやり取りを、出品者と落札者だけが見ることのできる掲示板のような「取引ナビ」を使って行っていました。しかし、「かんたん取引利用設定」を設定して出品すると、落札後に「取引ナビ（ベータ版）」で取引することができます。このシステムでは自動的に落札者へ連絡がいき、スムーズに取引ができます。連絡忘れや文面作成の手間を省くことができるので、できるだけかんたん取引を利用するようにしましょう。なお、かんたん取引での出品は、初めて出品するときや、初期の設定をせずに出品したときに住所や氏名など出品者の情報を入力するフォームが表示されます。一度入力すれば、以降の出品でもその情報が引き継がれるので、便利です。

❶ヤフオク!のトップページ右上にある<出品>をクリックします。

❷初めてかんたん取引を利用する場合は、出品者の情報を入力するフォームが表示されます。氏名や住所、電話番号を入力し、

❸<確認する>をクリックします。

❹「出品者情報の自動開示に同意する」をクリックしてチェックボックスにチェックを入れ、

❺<登録する>をクリックします。

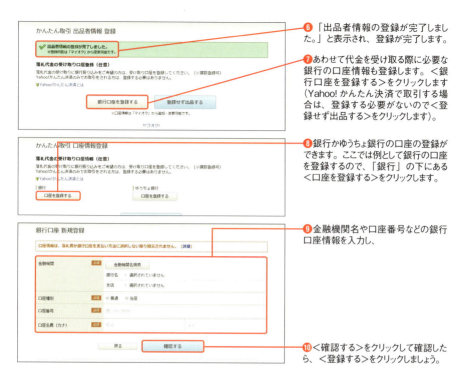

❻ 「出品者情報の登録が完了しました。」と表示され、登録が完了します。

❼ あわせて代金を受け取る際に必要な銀行の口座情報も登録します。＜銀行口座を登録する＞をクリックします（Yahoo!かんたん決済で取引する場合は、登録する必要がないので＜登録せず出品する＞をクリックします）。

❽ 銀行かゆうちょ銀行の口座の登録ができます。ここでは例として銀行の口座を登録するので、「銀行」の下にある＜口座を登録する＞をクリックします。

❾ 金融機関名や口座番号などの銀行口座情報を入力し、

❿ ＜確認する＞をクリックして確認したら、＜登録する＞をクリックしましょう。

◆かんたん取引で出品する

　かんたん取引利用設定を済ませてヤフオク！のトップページで＜出品＞をクリックすると、「「かんたん取引」出品 カテゴリ選択」画面が表示されるようになります。まずは商品のカテゴリの指定を行います。ヤフオク！は大変細かくカテゴリが分類されているので、一つ一つ階層を確かめながら選びましょう。カテゴリを指定すると、出品フォームが表示されます。「ご注意」画面を読み、問題なければ＜開く＞をクリックして出品フォームの入力を進めていきましょう。

▲ フォームに必要情報を入力するだけで、出品することができます。

第 2 章　まずはここから！基本の出品テクニック

出品価格を設定しよう

★ 出品テクニック

ここでは、出品価格の設定について解説します。今から売ろうとしている商品はいくらだったら売れるのか、妥当な値段とはいくらなのか……、と迷いますが、実は、ヤフオク！ならではの出品価格のコツがあります。

出品価格の設定方法

　ヤフオク！では4つの出品形式があり、それぞれの出品価格の設定が異なります。本節では、オークション形式で出品する際の価格設定を解説します。

オークション形式で出品	いわゆる入札形式です。現在価格よりも高値で入札していき、終了時点で最高入札額を付けた人が落札者となります。
即決価格で出品	即決価格とは入札価格の上限のことで、この価格以上で入札されたら終了時間に関係なくその時点で落札となります。オークション形式の出品では、どこまでも落札価格が上がる可能性がありますが、即決価格の場合は、相場より少々高くても、確実にほしい、早くほしいという人が落札に踏み切ってくれることがあります。
定額で出品	出品価格と即決価格が同額で、入札すればその時点で落札となります。ネットショッピングに近いかたちです。
定額で出品（値下げ交渉あり）	出品者が現在の表示された価格から値引きに応じるという設定です。任意の価格を入力し交渉が成立すれば表示価格よりも安く落札できます。

出品価格の決め方とは

　一般的に出品価格を設定するときは、類似した商品の過去の落札価格を参考にします。このような過去の落札価格のことを、「相場」といいます。売りたい価格が相場とは限りません。的外れな価格では売れるものも売れませんので、しっかりと出品前に過去の落札価格（相場）を調べてから価格を決めましょう。
　設定する価格は直近120日以内での最高額と平均額の間で決めるとよいでしょう。平均額と最高額に開きがある場合は、平均に近い金額を、差がない場合は最高額に近い金額を設定します。また、落札者も落札相場を見て入札額を決める傾向にありますので、最高額は設定せずに、割安感を出しましょう。
　なお、過去に落札された類似商品がなければ、あなたの売りたい金額で構いません。

◆過去の落札相場を調べる

過去の落札相場を調べ方は、ヤフオク！で調べる方法と、「オークファン」（http://aucfan.com/）を使う方法があります。

◆ヤフオク！で落札相場を調べる

ヤフオク！で落札相場を見るには、3つの方法があります。いずれも、**過去120日間に落札された商品と落札価格が確認できます。**

1. 検索結果ページで＜落札相場を調べる＞をクリックする
2. トップページなどの検索語入力欄の右にある＜条件指定＞→＜終了したオークション＞をクリックする
3. 出品情報の入力画面で、「価格設定」の項目にある＜参考価格を検索＞をクリックする

▲ 上記「1」のパターン。入力キーワードに該当する商品の過去の落札価格が確認できます。

▲ 上記「2」のパターン。金額範囲や送料無料などのオプションを絞って確認できます。

◆オークファンで落札相場を調べる

外部サイトとしての代表は、かつて筆者が在籍していた**オークファン**がやはり一番使いやすいでしょう。オークファンでは、国内最大級の過去落札品検索ができます。ヤフオク！では終了から120日分の落札商品を検索することができますが、オークファンの有料プランでは過去10年分の落札結果を調べることができます。広範囲なので、レアものや限定品など、あまりオークションでも出回らない商品を見つけることも可能です。

◀ オークファンの有料プランでは過去10年分の落札価格のリサーチが可能です（Sec.088参照）。

第2章 まずはここから！基本の出品テクニック

出品期間を設定しよう

★出品テクニック

ヤフオク!は、ショッピングサイトのように出品され続けているわけではありません。一定の日数が経つと終了します。出品期間は最短で1日、最長で7日間あります。この出品期間の設定にもコツがあります。

■ 適切な出品期間を考える

　ヤフオク！では、出品期間は最短で1日、最長では7日まで設定することができます（もっとも短い出品期間は12時間ですが、出品情報の入力画面上は1日と表記されます）。商品が落札されたり、即決価格を設定している場合や定価（出品価格と即決価格が同じ）で出品している場合は、即決価格で入札されるとオークションが終了します。ただ、設定している期間内に落札されなかった場合も、オークションは終了となります。たくさんの人に見てもらうためには出品期間が長いほうがよいと思うかもしれませんが、**出品する商品の特性や設定した価格によって最適な出品期間**というものがあります。

◆ 出品期間を短くする例

　ヤフオク！は、**終了間際のほうが入札されやすい**傾向があります。そのため、たとえば、**みんながほしがる一般的な商品**で、**落札相場に近い価格で出品**する場合は、出品期間を意図的に短く設定しましょう。たとえば「人気コミックの全巻セット」は、見る人も非常に多いカテゴリなので効果的です。通常、オークションは終了した時点での最高落札者が落札となります。つまり、終了しないと落札者は確定しません（即決を除く）。ですので、1週間で1回しか終了しないよりも、2回3回と終了させ、落札される機会を増やす必要があります。

▲ 人気コミック全巻セットのような商品を出品する場合は、出品期間を短く設定しましょう。

◆ 出品期間を長くする例

　レアものなど**一部のマニアがほしがるような商品**は、ほしい人が見つけてくれれば入札されるものです。このような商品は、終了のタイミングを増やすよりも、できるだけヤフオク！に掲載される期間を長くする方が効果的です。

　たとえば、レコードカテゴリに出品するような商品です。今ではCD／DVDやデータがほとんどでアナログのレコードは万人受けはしませんが、一部の人にとってはとてもほしい商品であり、根強い人気があります。

◀ 出品期間を長く設定したほうが、落札されやすい商品もあります。

効果的な終了させる曜日とは

　細かく見ていけばカテゴリや時期によっても最適な出品期間が変わることがありますが、基本的にはここで解説した、いずれかの方法を参考に出品してください。例外として、1円スタートを始めとした超低価格でスタートしてたくさんの入札やアクセスを集めたい場合は、長めの6日や7日で出品するとよいでしょう。

　そしてもう1つ重要なことが、終了させる曜日です。この何曜日に終了させるのかは、価格や期間と同様に非常に重要です。これは端的に答えをいってしまいますが、ずばり、**日曜日**です。もし、連休で月曜も休みの場合は月曜日です。

　その理由についてはさまざまな要因があることも関係していますが、いまひとつはっきりしていません。しかし、後述するオークファンプロという落札データの分析ツールで落札額のもっとも大きい曜日を調べたところ、そのほとんどのカテゴリが日曜日となっていました。**ヤフオク！全体でも、日曜日が飛び抜けて落札が多くなっています。**

◀ 出品フォームの入力時に、出品期間の日数と終了の曜日が確認できます。

第2章 まずはここから！基本の出品テクニック

Section 019 オークションの終了時間を工夫しよう

★出品テクニック

ヤフオク！では、出品期間と同じように終了する時間を設定することができます。この出品終了時間も非常に大きなポイントです。終了時間次第で、落札率に大きくかかわってきます。

◆ 終了時間は午後の10時〜11時に設定する

　ヤフオク！では出品者の常識的な情報として、出品の**終了時間は午後10時〜11時に設定するのがもっとも落札率が高い**というのがあります。これは都市伝説ではなく、きちんとしたデータとしても残っています。一部のカテゴリでは若干前後しますが、ヤフオク！全体としては午後10時〜11時が落札のピークを迎えるので、この時間がゴールデンタイムといえます。この時間に終了するオークションが多いということは、必然的にヤフオク！を見ているユーザーも多いということになりますので、まずは午後10時〜11時に終了時間を設定して出品をしましょう。

　なお、主婦や学生向けなど一部の層が落札しそうな商品、たとえばベビー用品やハンドメイドといったカテゴリでも、彼らが時間をとれそうな午前中にピークはなく、おおよそほかの商品カテゴリと同じように、午後10時〜11時が落札のピークを迎えます。

▲ 終了時間は1時間単位で設定が可能ですが、セオリーは午後10時〜11時です。

終了日時設定の基本形とは

　ここまで出品期間と終了の曜日、時間についての説明をしました。これらを合わせると、一般的な出品の終了日時（P.55参照）の設定についての基本形がわかるかと思います。それは、**終了日時は日曜日の午後10時〜11時がもっとも落札率が高くなる**ということです。あとは商品の特性と開始価格の設定で出品期間を決めれば、終了させる曜日と時間はわかっているので、逆算してそこに合わせて終了するには何曜日に出品すればよいかがわかります。

　適当に終了日時を設定していては、うまくいきません。終了させるタイミングを狙って、出品することが必要です。ヤフオク！には独特の傾向やデータがあるので、それに則り出品することが落札率を上げるために必要なことなのです。

●一般的な商品の出品の場合

出品期間	多くの人がほしがる商品→短く レアものなどマニア向けの商品→長く
終了の曜日	日曜日
終了の時間	午後10時〜11時

ピーク＝ライバルも多い

　ここまで、終了日時は日曜日の午後10時〜11時がもっとも落札率が高くなるということを解説しました。ですので、基本的にはこのタイミングでオークションを終了させるのが落札されやすい、ということになります。しかし、見方を変えれば出品者の多くが同じタイミング終了させるので、比較検討されやすく落札者の選択肢も増えることから、とても**競争が激しいタイミングともいえます**。そのため、有料オプション（Sec.025参照）を使って人目に触れるようにするなどの工夫をしないと、まったく同じ商品の出品者が大勢いるなどで、ほとんどの人に露出されない商品が増えてしまうこともあります。露出されないことには落札されませんが、かといって有料のオプションも予算限度があります。

　そういう場合は、**あえて時間帯を前後にずらす**、ということも戦術の1つです。激しい競争のタイミングを避けてピーク前の午後9時〜10時や、ピーク後に落札できなかった人を狙って午後11時〜12時に終了させます。ピークに比べて落札者の数は減りますが、激しい価格競争に巻き込まれずに出品ができます。

第2章 まずはここから！基本の出品テクニック

Section 020

出品中の商品を管理しよう

★出品テクニック

出品したら終了までじっと待つだけではありません。出品したあとにも書き忘れた商品説明文を追加したり、場合によっては出品中に強制的に終了させるなど、行うことはたくさんあります。

落札率を上げるために行うこと

　出品したらあとは落札されるのを待つばかり……というわけにはいきません。足りない商品情報をつけ足してブラッシュアップしていくなど、落札率を上げるためにできることは多々あります。ほかの出品者が行っているのに自分が何もしないでいると、当然ながらほかの出品者の商品が落札されます。出品して終了ではなく、**よりよい商品ページに随時作り変えていく**、くらいの気持ちでやりましょう。

◆オークションの編集

　商品について書き忘れたことや質問があったことなどは、**出品後に商品説明文を追加**することができます。なお、追加説明時の入力方法（通常入力、HTML入力）は、出品時のものから変更することはできません。

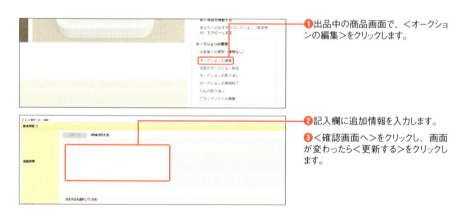

❶出品中の商品画面で、＜オークションの編集＞をクリックします。

❷記入欄に追加情報を入力します。

❸＜確認画面へ＞をクリックし、画面が変わったら＜更新する＞をクリックします。

> **MEMO 出品後に写真を追加する**
>
> 画像をすでに3枚アップロードしていると、差し替えることはできませんが、出品時にアップロードした画像が2枚以下であれば、画像を追加することは可能です。

スムーズな取引ができるよう行うこと

そのほかにも出品後にできる作業としては、**トラブルが起きないよう、場合によりあらかじめ措置を取っておいたほうがよい対応**というものもあります。終了までに必要な措置を取らないと、あとで自分が困ることもあります。商品詳細ページ下の画面から、以下のような操作行うことができます。

◆オークションの取り消し

入札者がいないことが前提になりますが、出品後に商品が破損してしまい、販売できなくなってしまった場合には、オークションを取り消すことができます。また、もし取り消したいオークションがすでに入札されているという場合は、「入札の取り消し」を行うことで、オークションの取り消しは可能です。ただし、入札が一度でもあったオークションを取り消すと、1オークションごとに、540円（税込）の**出品取消システム利用料が発生します**。入札者への印象も悪いので、よほどのことがない限り行わないようにしましょう。

◆オークションの早期終了

入札者がいて、出品時に「オークションの早期終了」を可能にしていた場合は、早期終了ができます。この操作をした時点でオークションが終了し、落札が確定します。

◆入札の取り消し

好ましくないユーザーから入札があった場合には、その入札者を取り消すことができます。たとえば入札者の過去の評価を見ると落札後のトラブルが頻発している、などの場合です。そのような場合は出品者の権限として、入札を取り消して取引しないという選択もできます。

◆ブラックリストの編集

「ブラックリスト」は、出品者として好ましくないユーザーと取引しないように、**そもそも入札をできなくするしくみ**です。あなたが取引したくないユーザーのIDを登録することで、あなたの出品商品にそのIDからは入札ができなくなります。

◀ ヤフオク!のトップページで＜マイオク＞→＜出品中＞をクリックし、管理したいオークションの商品名をクリックすると、それぞれの設定を行うことができます。

第2章 まずはここから！基本の出品テクニック

ユーザーからの質問に答えよう

★出品テクニック

ユーザーからくる質問は、商品についてや送料のことなど多種多様です。これらの質問にしっかり答えることで、商品説明が充実するほか、入札を検討している人に安心感を与えることができます。

質問には迅速に回答する

　ユーザーから質問がくると、ヤフオク！で連絡先として設定したメールアドレスに通知がきます（ヤフオク！トップページの＜オプション＞→＜自動通知の設定、解除＞で設定をしておく必要があります。初期状態では設定されています）。

　しかし、「質問してくるユーザーは入札しない」……。これは筆者の経験則、というより偏見かもしれませんが、質問をしてくるユーザーがそのまま入札してくれるケースは、実はあまり多くありません。「質問をするほどほしい＝十分に比較検討している」という段階なだけで、必ずしも出品商品の購入を検討しているというわけではないのかもしれません。ただ、質問に回答することで**ほかのユーザーが見たときに安心感、信頼感を持ってもらう**という効果があります。質問してきたユーザーからの入札がなくても、その質問と回答のやりとりを見て、ほかのユーザーに入札してもらえるかもしれませんので、**質問には迅速かつ丁寧に対応**しましょう。

▲質問がきたら、迅速に、丁寧に回答するようにしましょう。

質問を確認して答える

登録メールアドレスに質問された旨を知らせるメールがきたら内容を確認し、できる限りすみやかに回答しましょう。

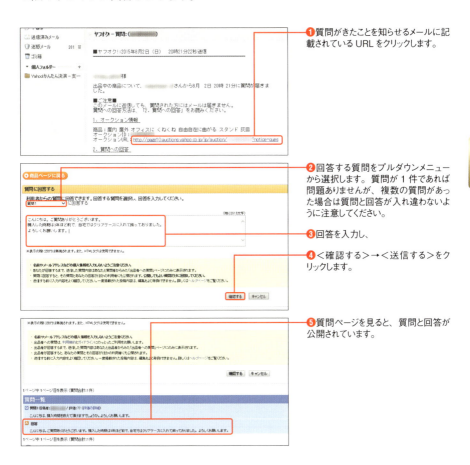

❶質問がきたことを知らせるメールに記載されているURLをクリックします。

❷回答する質問をプルダウンメニューから選択します。質問が1件であれば問題ありませんが、複数の質問があった場合は質問と回答が入れ違わないように注意してください。

❸回答を入力し、

❹＜確認する＞→＜送信する＞をクリックします。

❺質問ページを見ると、質問と回答が公開されています。

◆回答する際に注意すること

質問に回答した内容は変更できませんので、しっかり確認するようにしてください。まれにメールアドレスなど個人情報を記載してくる人がいますが、そういった質問にうっかり回答してしまうとすべて公開されてしまいます。もし**個人情報が含まれる質問内容だった場合は、絶対に回答しないようにしましょう**。また、質問欄から値下げ交渉やヤフオク！を介さない取引を持ちかけられることがありますが、これは完全な**ルール違反**ですので応じないようにしてください。

第2章 まずはここから！基本の出品テクニック

Section 022 落札後の流れをチェックしよう

★出品テクニック

晴れて商品が落札されても、そのあとの流れを把握していないと後手に回ってしまいます。せっかく落札されたのにクレームになってしまっては、元も子もありません。事前に流れとポイントをしっかり把握しましょう。

落札後の取引方法は2種類

落札後の取引方法は2種類あります。1つは、通常の出品方法で出品した場合の「取引ナビ」（Sec.023参照）を使った従来の取引です。もう1つは、本書で推奨する、かんたん取引で出品した場合（Sec.016参照）の、自動的に出品者があらかじめ登録した情報を落札者に通知する「取引ナビ（ベータ版）」です。まずは取引ナビを使った方法から解説します。

●落札後の流れ

▲ 落札されたオークションはマイ・オークションの出品終了分の「落札者あり」に一覧表示されます。

◆ 取引ナビで連絡を取る

　通常の出品方法で出品した場合に取引する取引ナビとは、ヤフオク！上でメッセージのやり取りをする、**出品者と落札者のみが見ることのできる掲示板のようなもの**です。メールアドレスは表示されず、メッセージのみのやり取りとなります。この方法では、落札後は基本的に出品者から連絡し、支払い方法や振込先情報を伝えます。

◀ 最大 15 回までメッセージを送信することができます。

◆ 取引ナビ（ベータ版）で連絡を取る

　本書で推奨する、かんたん取引で出品した場合に取引する取引ナビ（ベータ版）は、出品者が事前に氏名、住所、電話番号、落札代金の振込先（Yahoo! かんたん決済のみで取引する場合は不要）などを設定しておくことで、**わずらわしい毎回の入力作業が不要**になります。落札されたら落札者から連絡し、落札者は自動的に送られる取引に必要な情報を受け取って出品者に発送方法や支払い方法などを連絡します。出品者は落札者から連絡がきたら送料を連絡し、合計金額の代金を支払ってもらいます。なお、レターパックなど全国一律の送料を先に設定しておけば、この連絡も不要となり、さらに手続きが簡略化されます。

◆ どちらを利用すべきか

　取引ナビと取引ナビ（ベータ版）、どちらの取引も入金が確認されたら商品を発送して、お互いに評価をして取引が完了します。やってみるとわかりますが、取引ナビ（ベータ版）は最初に住所などの設定をするだけで、圧倒的に手動で連絡をする回数が少なくなり、楽です。しかし、あくまで今のところ「ベータ版」ですので、念のため両方使えるようにしておきましょう。

◀ 商品ごとの出品者情報や振込先の入力が不要なので、取引もかんたんです。

第2章 まずはここから！基本の出品テクニック

取引ナビで連絡しよう

★出品テクニック

落札後の取引は、取引ナビ、または取引ナビ（ベータ版）を使って落札者と連絡を取り合うことを説明しました。ここから具体的な取引の進め方について解説します。ここでは取引ナビでの連絡の取り方をご紹介します。

取引ナビで落札者と連絡を取り合う

　通常の方法で出品して落札されたら、取引ナビを利用して速やかに落札者へ取引の連絡を取りましょう。**最初の連絡でこちらの氏名、連絡先を記載しておくと、落札者に安心されます。**ただし個人情報になるので、これらを伝えるのは落札者から連絡があってからでも遅くはありません。

　ヤフオク！トップページから＜マイオク＞→＜出品終了分＞をクリックし、一覧から、取引を始める商品名の右にある＜取引連絡＞をクリックすると、取引ナビのページを開くことができます。次ページで解説する「連絡先、支払い、発送などについて」「入金を確認しました」「商品を発送しました」「その他」の4つのタイトルのいずれかを選択し、本文を入力して落札者へ送信します。

▲項目に従って連絡します。過去のやり取りは保存され、往復16回までやり取りが可能です。

◆ **それぞれのタイトルの使い方**

● 「連絡先、支払い、発送などについて」
　落札後には、お礼の言葉とともに落札金額や自分の連絡先、支払い方法、支払い先情報、発送方法など取引の基本となる情報を送りましょう。そのあと、落札者から希望する発送方法などの連絡がきたら、それらに基づいた送料を再度連絡します。送料無料や全国一律送料、地域別の送料などをあらかじめ記載していた場合は、最初の連絡で落札金額と送料の合計額を連絡してあげましょう。

● 「入金を確認しました」
　落札者からの支払い、入金の確認ができたら、その旨を連絡します。

● 「商品を発送しました」
　商品を発送した旨を連絡します。ヤマト運輸の宅急便や日本郵便のレターパックなど、追跡サービスのある発送方法の場合は、問い合わせ番号と問い合わせフォームのURLもあわせて連絡するとよいでしょう。

● 「その他」
　落札者が領収書の発行を希望されている際のやり取りなど、上記の3つに当てはまらない連絡は「その他」で行います。

取引ナビ（ベータ版）で落札者と連絡を取りあう

　ここでは、取引ナビの使い方を解説しましたが、落札後に落札者と取引ナビ（ベータ版）で取引を行うには、**かんたん取引を設定して商品を出品している必要**があります（Sec.016参照）。かんたん取引を使って出品するには、あらかじめ出品者情報を設定しておく必要があります。通常であれば初めて出品するときに設定を促されますが、あとからでも設定や変更は可能です。

　あとから行う場合は、ヤフオク！トップページから＜マイオク＞→＜かんたん取引利用設定＞から設定、変更することが可能です。

　取引ナビ（ベータ版）は落札者から連絡を取り始めます（P.63参照）。画面に従い送料を連絡して、送付先や支払い情報、入金完了などの連絡がきたら商品を発送し、発送連絡を送りましょう。取引ナビ（ベータ版）での取引はかんたんなため、ここでの解説は省略します（詳しくは「ヤフオク！｜取引ナビ（ベータ版）使い方ガイド」http://topic.auctions.yahoo.co.jp/tradingnavi/guide/flow/ 参照）。

第2章 まずはここから！基本の出品テクニック

Section 024

発送を便利にするグッズを使って効率を上げよう

★出品テクニック

ヤフオク!で落札された商品を発送する際、ただ袋に入れて送ればよいということはありません。商品のこと、受け取り手のことも考えて確実に送り、受け取った人がうれしくなるような発送をするようにしましょう。

◆ 発送前に用意するもの

発送前に用意しておきたいものを下記にまとめました。ここで紹介するグッズを使うことで、商品を守ったり、送料に影響するサイズや重量などの正確な情報が得られるなど、**作業が効率化されたり、クレームを未然に防ぐ**ことができます。

◆ビニール袋

商品が雨に濡れないようにするためや、商品の保護のために利用します。スーパーなどで余分に袋をもらったら、それを保管して利用するのもよい方法です。

◆紙袋

商品を入れて送ります。買い物に行ったときにもらう紙袋をできるだけ保管し、発送のときに利用しましょう。

◆段ボール

段ボールは、紙袋だけの梱包よりも頑丈なので、商品を保護しやすくなります。

◆エアーパッキン（プチプチ）

緩衝剤として使います。もし、なければ新聞や雑誌を緩衝剤の代わりとして利用できます。

◆ スケール（はかり）

定形外郵便や、はこ BOON（Sec.026 参照）など、重量によって送料が変わる発送方法のときに利用します。小さいもの（キッチンスケール）で構いません。大きなものは体重計を利用すると計ることができます。

◆ 透明テープ

テープは梱包には欠かせません。紙の茶色いテープを使う人がいますが、表面がツルツルしているためテープの上からテープを重ねて貼ることができません。そのため、セロファンテープが大きくなったような透明のテープを用意しましょう。

◆ メジャー

宅配便は商品の3辺の合計の長さによって送料が決まります。そのため梱包サイズを測る必要があります。100円ショップで売っているもので十分ですので用意しましょう。また、ユーザーからの質問で大きさや長さを聞かれることはよくあるので、そのようなときにも役に立ちます。

◆ スタンプ

定形外郵便を使うときに自分の住所などを一つ一つ書くのは面倒で時間もかかります。数が少ないときはそうでもありませんが、5件10件となると、けっこうな作業です。住所などをスタンプにしておけば、非常に効率的です。

◆ レターパック

詳しくは Sec.026 で後述しますが、郵便局のサービスの1つで、専用の袋に入れば全国一律料金で送ってくれるサービスがあります。その専用の袋は郵便局で販売していますが、あらかじめ購入しておくことで住所の記入を先にすることができます。

第2章 まずはここから！基本の出品テクニック

出品時に利用できるオプション機能を把握しよう

出品するときに出品期間や終了時間のほかに、出品について設定できる「オプション」があります。有料、無料合わせて14項目ありますが、ここでは重要なものをピックアップして解説します。

取引オプションを設定する

取引オプションは最低落札価格の設定を除き、無料で利用できます（最低落札価格の設定は108円かかります）。入札者の制限や早期終了などオークションや取引に関わる重要な項目ですが、**出品時にしか設定することができない**ので注意してください。

◆入札者評価制限

「入札者評価制限」には「総合評価で制限」と「悪い評価の割合で制限」の2つがありますが、両方にチェックを入れましょう。「総合評価で制限」は、入札者の評価の合計が-1以下の場合、そのユーザーは入札できません。また、「悪い評価の割合で制限」は「悪い」「非常に悪い」の割合が20％以上の場合、入札できなくなります。「悪い」「非常に悪い」の数や割合が多い人は、**どうしてもトラブルになる確率も高くなる**のであらかじめ設定しておきましょう。なお、総合評価が0や新規のユーザーの入札は可能です。

▲「入札者評価制限」は、2つの項目にチェックを入れるようにしましょう。

◆ 入札者認証制限

Yahoo! JAPAN IDがあれば誰でも入札が可能ですが、いたずら入札もあります。「入札者認証制限」の項目にチェックを入れると、モバイル確認、または本人確認（P.42参照）をしていないユーザーは入札できなくなります。

◆ 自動延長

ヤフオク！では終了間際に入札するケースが多くありますが、この自動延長を設定しておくと、終了までの5分間に入札があった場合、自動的に終了時間が5分延長されます。終了までの5分間に入札があれば何度でも延長されます。落札価格を上げるためにも設定しましょう。

◆ 早期終了

オークションを設定した期間を待たずに終了させることができます。入札者からの依頼やそのほかの理由で終了したくても、早期終了を設定していないとオークションを取り消すしかなくなります。

PRオプションを設定する

PRオプションはかんたんにいうと広告です。出品した商品の露出を上げて、アクセスしてもらいやすくするためのものです。**設定は有料**となっていますが、もっとも安価な設定では10円（「太字テキスト」のオプション）から始めることができます。

◆ 注目のオークション

各カテゴリや検索結果ページの上部に、自分の出品した商品を目立たせて表示できます。なお、このオプションは有料となっており、1日あたりの料金（最低20円以上）を設定します。ざっくりですが、たとえば終了まで3日で最低料金を20円と設定した場合、60円の料金が発生します。また同じカテゴリでたくさんこのオプションが設定されている場合、より高い金額を設定した商品が上位に表示されます。1日20円の商品詳細ページより、1日30円の設定をした商品詳細ページのほうが上に表示されるしくみです。詳細はSec.065で解説します。

◀ 有料オプション機能は注意書きをよく読んで設定するようにしましょう。

第2章 まずはここから！基本の出品テクニック

Section 026

落札品の発送方法や補償について知ろう

★出品テクニック

落札後に商品を発送しますが、その方法は1つではありません。商品によって送料が大きく変わります。落札者はできるだけ安く早く手元にほしいので、最適な発送方法を選択できるようになりましょう。

宅配便で発送する

宅配便はもっとも一般的な荷物の発送方法です。ヤマト運輸の「宅急便」(http://www.kuronekoyamato.co.jp/takkyubin/takkyu.html)、日本郵政の「ゆうパック」(http://www.post.japanpost.jp/service/you_pack/)、佐川急便 (http://www.sagawa-exp.co.jp/) などがあります。配達日や時間帯の指定が可能で、追跡サービスが利用でき、補償も付きます（P.73参照）。郵便ポスト投函ではなく、配達員が直接対面で荷物を渡すというのも大きな特徴です。

宅配便は、大きさや重量があるもの、または**高額のため荷物の追跡や補償を付けたいとき**に利用します。たとえば、ゴルフクラブやブランドもの、なかなか手に入らないレアものなどは宅配便を使う代表例です。そのほかの理由としては、配送が最短で翌日には到着するので、スピードを重視するときにも使います。

送料は基本的には発送先までの距離、梱包の3辺の合計と重量によって決まります。また、**運送会社ごとに送料の違いなどの特徴**があり、「離島であればゆうパックが安い」などといった違いもあります。

「ヤマト運輸｜宅急便」
URL http://www.kuronekoyamato.co.jp/takkyubin/takkyu.html

◀ 高額商品などの発送には、宅急便がおすすめです。

また、運送会社の営業所などに持ち込むことで、送料の割引サービスもあります。コンビニからの発送も可能ですが、コンビニにより扱える宅配便が異なりますので、**近くのコンビニで利用できるのはどこの運送会社**かを事前に調べておきましょう。発送の件数が増えてきたら、あらかじめ送り状に発送元の情報を印字してくれるサービスもあるので、活用して時間短縮につなげましょう。

郵便（簡易配送）を活用する

　郵便は、**定形外郵便に代表される簡易的な発送方法**で、いずれも日本郵便が提供するサービスです。クリックポスト、定形外郵便、ゆうメール、レターパックライト、レターパックプラス、スマートレターなどがあります（下記参照）。厚みや重量に制限がありますが、薄くて軽い、たとえば書籍や薄手のシャツなどは、簡易配送で送ったほうが送料は割安です。料金も全国一律なので、遠方の場合やとにかく送料を抑えたい人からは、これらの発送方法を希望されることが多くあります。レターパックプラスを除き、基本的にはポストへの投函で配達完了となります。

サービス名	料金	日数	追跡サービス	対面配達	向いている商品例
クリックポスト	全国一律 164円	最短翌日	あり	なし（投函）	本、雑誌、文房具、携帯アクセサリーなど薄いもの
定形外郵便	50g以内 120円～ 4kg以内 1,180円	最短翌日	なし	なし（投函）	本、雑誌、文房具、携帯アクセサリーなど軽いもの
ゆうメール	全国一律 180円～610円（重量制）	最短翌日	なし	なし（投函）	冊子、雑誌などの印刷物、CD、DVD
レターパックライト	4Kg以内 360円	最短翌日	あり	なし（投函）	本、雑誌、文房具、携帯アクセサリー、衣類
レターパックプラス	4kg以内 510円	最短翌日	あり	あり	本、雑誌、文房具、携帯アクセサリー、衣類
スマートレター	全国一律 180円	最短翌日	なし	なし（投函）	本、雑誌、文房具、携帯アクセサリーなど

▲ 送るのもの重量や厚み、追跡の有無でサービスを使い分けましょう。なお、郵便局ではレターパックは速達郵便と同じ扱いのため、配送の優先順位が高く設定されています。繁忙期でも優先的に早く届けてくれるというメリットがあります。

◆ そのほかの配送方法を知る

宅配便や郵便以外にも、配送方法はあります。ここでは、はこBOON、メルアド宅配便について解説します。

◆はこBOON

はこBOONは、伊藤忠商事が提供する配送サービスです。送料は、重さと距離で決まります。そのため**大きさはあるが軽い箱や、型を崩したくないバッグや帽子**などを送るときに向いています。3辺の合計の長さだとどうしても大きくなり送料が高くなってしまいますが、はこBOONは重量で送料が決まるためです。発送ははこBOONのサイトから配送の申し込みをして、荷物の配送情報の登録をします。そのあと、受付番号が発行されるので、荷物と受付番号を持ってコンビニから発送します。料金の支払いは店内端末で申し込み券を受け取ってからレジで支払います。支払い完了後、送り状を受け取ったら荷物に貼って店員に渡して完了です。

なお、はこBOONで着払いはできないので、送料は事前に落札者からいただいておく必要があります。

「はこBOON」
URL https://www.takuhai.jp/hacoboon/init

◆メルアド宅配便

メルアド宅配便は、**相手に自分の住所を知られることなく商品が届けられるサービス**です。佐川急便が集荷配送をしてくれます。プライバシーを気にする場合に大きな味方になってくれる発送方法です。また、送料が全国一律（1,100円）なのもうれしいポイントです。

利用方法は「メルアド宅配便」のサイトから、差出人（出品者）情報、受取人（落札者）のメールアドレスなどの必要な情報を入力すると、申し込み完了メールが届くのでそのまま受取人の承諾完了を待ちます。荷物の受け取りを承諾されると、登録したメールアドレスに確認メールが届きます。メールに記載されたURLを開き、集荷依頼情報を入力すると、指定日時に佐川急便が集荷に来るので荷物を渡しましょう。集荷された荷物はメルアド宅配便配送センターへ送られ、受取人へと配送されます。

「メルアド宅配便」
URL http://www.mailaddbin.com/

補償の有無を知っておこう

　発送方法によっては、補償がない場合もあるので注意が必要です。簡易配送（P.71参照）には追跡サービスの利用ができず、手渡しではなく投函で完了するものがあります。投函で終了となると、受取のサインも不要なので、不在でも商品が届く便利さはありますが、**投函後に破損や盗難などがあっても一切補償されません**。また、定形外郵便には追跡番号がないので、配達の記録もわからないというデメリットもあります。

　なお、宅配便（P.70参照）には基本的に補償がありますが、限度額もあります。たとえばヤマト運輸の場合は30万円です。また補償されるのは運送会社側に非があった場合なので、30万円を超える商品や、有料でも独自に補償を付けたい場合は、「ヤマト便」という別の配送方法を利用しましょう。

サービス名	補償の有無（あり／なし）
宅急便	あり：上限30万円
ゆうパック	あり：上限30万円
佐川急便	あり：上限30万円
クリックポスト	なし
定形外郵便	なし
ゆうメール	なし
レターパックライト	なし
レターパックプラス	なし
はこBOON	あり：上限30万円
メルアド宅急便	あり：上限30万円（佐川急便の約款に則る）
スマートレター	なし

◀ 基本的に宅配便には補償が付いています。

MEMO 筆者の発送ポリシー

筆者の場合は追跡できない発送方法はすべてお断りしています。商品を確実に届けるまでが出品者の役割と思っているので、そのようにしています。詳しくは章末のコラム（P.76参照）でも解説します。

第 2 章　まずはここから！基本の出品テクニック

Section 027

さまざまな支払い方法を用意しよう

★出品テクニック

最近はYahoo!かんたん決済で支払う落札者が増えていますが、まだまだ銀行振込を利用する人は多くいます。また、インターネットオークションならではの独特な支払い方法というものもあります。

● 複数の銀行口座を用意しよう

　一般的に**大手と呼ばれる銀行の口座は、振込先として用意しておきたい**ものです。三菱東京UFJ銀行や三井住友銀行、みずほ銀行にゆうちょ銀行があればほぼ問題ありません。これらの大手銀行では、ネットでの取引が可能です。入金確認が自宅でもできるようになるので、事前にネットの利用もあわせて申し込んでおきましょう。

「三菱東京UFダイレクト」（三菱東京UFJ銀行）
URL　http://direct.bk.mufg.jp/

「三井住友ダイレクト」（三井住友銀行）
URL　http://direct.smbc.co.jp/aib/

「みずほダイレクト」（みずほ銀行）
URL　http://www.mizuhobank.co.jp/direct/index.html

「ゆうちょダイレクト」（ゆうちょ銀行）
URL　http://www.jp-bank.japanpost.jp/direct/pc/dr_pc_index.html

◆ ネット銀行も押さえておこう

　また、ジャパンネット銀行や楽天銀行といった**ネット銀行もあるとさらに利便性が高まります**。これらは振込手数料が安いのが特徴です。

「ジャパンネット銀行」
URL http://www.japannetbank.co.jp/

「楽天銀行」
URL http://www.rakuten-bank.co.jp/

　これらの銀行の口座は、すべて用意する必要はありません。多すぎると確認作業が煩雑になり、かえって面倒なことになります。落札者の利便性やメリットも考えて、**2～3つくらいの銀行口座**があれば十分合格点です。

Yahoo!かんたん決済、切手・郵便為替・金券など

　現在利用が増えているのは**Yahoo!かんたん決済**です。これはヤフオク！を運営するYahoo!が間に入り、口座情報をやり取りすることなく決済が可能な方法です。落札者の支払い方法としてはクレジット決済と銀行振込がありますが、クレジット決済が主です。ヤフオク！でクレジット決済が使えるのは落札者にとっても利便性が高いので、これは確実に設定しておきましょう。

　また、オークション独特の支払い方法に、**切手・郵便為替・金券**があります。特に少額の商品を落札した場合、銀行振込やYahoo!かんたん決済では数百円の手数料が発生するため、切手や郵便為替を郵送することがあります。これなら80円で済みます。出品時にも記載できますが、換金する場合に手数料を取られることがありますので、たとえば額面の90％で計算するなど事前に告知しておきましょう。決済が可能な手段はたくさんあった方が落札者にとっての利便性は上がりますので、煩雑にならない程度に用意しておいてください。

「Yahoo!かんたん決済」
URL http://payment.yahoo.co.jp/

「郵便為替」
URL http://www.jp-bank.japanpost.jp/mineika/sokin/mn_sk_index.html

定形外郵便の メリット・デメリット

　せっかく安い金額で落札したのに、送料が高かったら意味がない、と多くの落札者は考えています。これは落札金額が安くなればなるほどこの傾向は強くなります。

　今ではいろいろな安価な発送サービスがありますが、ヤフオク！が始まったころからの定番の発送方法として、定形外郵便は定着しています。50g以内であれば、全国一律で120円という超格安で商品を送ることができます。これは、定形外郵便での発送を希望する人が大勢いても何ら不思議なことはありません。

　しかし、「定形外郵便」には非常に大きな弱点（リスク）があります。それは、「補償がない」こと、そして「追跡できない」ということです。

　まず「補償がない」ですが、破損や汚損など直接的な商品に対しての補償がありません。また、配達はポストに投函することで完了となりますので、手渡しするわけでもなく、受領の確認もされません。極端なことをいえば、投函後に誰かに盗まれても補償がされません。

　また、発送後は追跡ができません（一部例外あり）。はがきや手紙が追跡できないのと同じです。ですので、万一商品が行方不明になってしまったらどこでどのタイミングでどうなったのかは、一切わかりません。こうなったらどうしようもありません。落札者との間では、送った送ってないのトラブルに発展します。

　事前に補償なしということを伝えておいても、納得されないことは多々あります。結局、落札者から不信感を持たれ続けることになります。最終的には「送った」の一点張りで押し通すしかありません。個人で不用品をヤフオク！で処分しているレベルであればそれでも構いませんが、もしあなたがヤフオク！で利益を得ようとしている、副業もしくは本業として稼ぎたいと思っている場合は、これではいけません。注文された商品をきちんと落札者の手元に届けなければなりません。ですから、落札者のことを本当に考えるなら、安いことを優先するよりも、確実に届けられて、かつ追跡や補償がある発送方法を選ぶのが、実際には「とても責任のある出品者」になるのではないでしょうか。

郵便物等の損害賠償制度
URL　https://www.post.japanpost.jp/service/songai_baisyo.html

第3章
利益率アップ！商品仕入れテクニック

Section 028	商品を仕入れる前に出品に慣れよう……………………………… 78
Section 029	どのようなカテゴリの商品を仕入れるか考えよう………………… 80
Section 030	仕入れる商品をリサーチしよう…………………………………… 82
Section 031	国内仕入れと海外仕入れの違いと特徴…………………………… 84
Section 032	ネット仕入れとリアル店舗仕入れの違いと特徴………………… 86
Section 033	仕入れでの注意点を確認しよう…………………………………… 88
Section 034	大型古書店で商品を仕入れよう…………………………………… 90
Section 035	フリーマーケットで商品を仕入れよう…………………………… 92
Section 036	家電量販店で商品を仕入れよう…………………………………… 94
Section 037	ネット問屋で商品を仕入れよう…………………………………… 96
Section 038	中小のネット問屋で仕入れよう………………………………… 100
Section 039	セカイモンで海外から商品を仕入れよう……………………… 102
Section 040	ジャンク品を仕入れよう………………………………………… 104
Column	運送会社を指定されたら………………………………………… 106

第3章 利益率アップ！商品仕入れテクニック

Section 028

仕入れテクニック

商品を仕入れる前に出品に慣れよう

仕入れる商品を出品する前に、まずは練習として不要品で出品作業を経験しましょう。本書では、ただ出品するだけではなく、今後仕入れを見越しているので「狙って出品する」ことを意識します。

まずは家にある不要品を出品する

　はじめに、なぜ自宅の不要品を出品するのがよいかというと、「リスクがないから」です。たとえばいらなくなったゴルフクラブ、使わなくなった食器、結婚式の引き出ものマグカップ、サイズの合わなくなった服、見なくなったDVDや聴かなくなったCD、必要がなくなった子どものおもちゃなど、家の中を探せばけっこういろいろなものが出てきます。まずは、こういった商品を家で探してみてください。もしどうしてもなければ親や親戚、友達にいらないものをもらってもよいでしょう。あとでいくらか返してあげると喜ばれます。

　P.38でも解説しましたが、この不要品の販売の目的は3つあります。1つ目は、出品の練習、オークションに慣れるためです。2つ目は不要品といえども販売をする、つまりお金が入ってくるので、今後の資金の足しにできます。そして最後3つ目は、不要品を処分すると部屋がちょっと片付き、作業をするスペース、仕入れた商品を保管する場所ができます。断捨離と同じようなことですが、捨てるよりもお金が入ってきて、さらに人から感謝され一石二鳥です。

　以上のことを目的に出品の練習を繰り返してください。**この段階ではとにかく出品して落札してもらうことが重要**です。そのうちに出品に慣れてきたら、ただ出品するのではなく「狙って出品する」ことを目標とします。

◀ 自宅を見回してみると、出品できそうな不要品はけっこうあるものです。

慣れてきたら、「狙って出品する」

不要品の出品を重ね、ヤフオク！に慣れてきたら、今度は、あらかじめ過去の落札相場を調べ、その価格に近い価格で出品するようにします。「この商品であればだいたいこのくらいで落札されるはずだ」ということを決め、**設定した価格で落札されるようにする**、これが「狙って出品する」ということです。

たとえば商品説明文や商品画像がいまいちだったり、出品方法や設定を間違えてしまえば落札相場で売ることはできません。第1章～第2章を読み返してみて、セオリー通りの王道の出品をきちんと行い、落札相場通りに売ることができるように訓練と経験を積みましょう。仕入れ商品であればそれが損益に直結しますが、不要品であれば失敗できます。**初めのうちに失敗と対策を経験しておいて**、それから商品の仕入れに移りましょう。

▲ 過去の落札相場はオークファンで調べることができます（Sec.030 参照）。

> **MEMO　目的は「もっとも高く売ること」ではない**
>
> 落札品には相場があります。相場とは値段の幅のことですが、たとえばある商品の最高値が10,000円、最安値が5,000円、多く売れている価格帯が7,000円前後だとすると、この商品相場はおおよそ7,000円ということがいえます。間違ってほしくないのは、「もっとも高く売る」ことを目的にしてはいけません。最高値で売るよりも「落札相場の中間から上で売れればよし」としてください。

第3章 利益率アップ！商品仕入れテクニック

どのようなカテゴリの商品を仕入れるか考えよう

ここからは、不要品の販売から商品を仕入れて販売するステップに入っていきます。ただ仕入れをすればよい、何でも売れる、というわけではありません。入札されやすいものを選んで、仕入れるようにしましょう。

ヤフオク！のカテゴリは本当に多い

　ヤフオク！にはたくさんの商品カテゴリがあります。そのすべては取り扱えないので、ある程度カテゴリを絞る必要があります。よく取引されているカテゴリとしては、**ファッションやバッグ、スポーツ・ゴルフ用品、アウトドア・フィッシング用品、家電・カメラ、おもちゃ・ゲーム、アクセサリ・時計**などがあります。何でも売れているヤフオク！ではありますが、落札者の多いカテゴリ、少ないカテゴリがあります。出品するならやはり入札者の多いカテゴリのほうが落札率は上がりますので、仕入れる際にはこれらのカテゴリを意識するとよいでしょう。

◀ 大カテゴリでも25、末端カテゴリになると1,000を超えます。

◆特定のカテゴリ以外も狙い目！

　特定のカテゴリではなくても一定のファンやマニアがいることで、成り立つ商品もあります。たとえば限定品やレアもの、コレクター商品といった**一部の愛好家がほしがる商品**です。アンティークやヴィンテージ品もこれに該当します。ほかにはハンドメイド作品に代表される、ほかではどこにも売っていないものや、商品を買ったときに付いてきたおまけや景品、懸賞品などの非売品が、非常にたくさん取引されています。ほかのネットショップではなかなか取り扱えない商品ですので、ヤフオク！に需要が集中しています。

取り扱いやすいカテゴリの商品を仕入れる

初心者の場合は、商品のコンディションが関わってくる中古品よりも、新品を取り扱ったほうがスタートしやすいでしょう。

新品では、アニメなどのキャラクターグッズやおもちゃ（フィギュア）、映画の小道具やレプリカ関連、スキーやスノーボード関連（ゴーグルやワックスなど）、エフェクターや小型アンプなどの音響機材、腕時計、自転車のパーツ（ホイルやハンドルなど）、自転車アクセサリ（バッグウェアなど）などの商品が扱いやすいものです。**新品であればリサーチもかんたんですし、相場も一定になりやすいので価格が予測しやすい**というメリットがあります。

中古品でも、扱いやすい商品はあります。それは、**市場的に中古品の流通が一般的なもの**です。そのような商品は「コンディション」についても、参考になる落札が多くあるので、値付けがしやすいです。具体的にはゴルフクラブや書籍、漫画本、レコード、ゲーム、リール、ロッド、ルアーなどの釣具関連です。一定のファンやマニアに受けるカテゴリは、フィギュア、おもちゃ（ミニカーなど）、切手やコイン、オールドコールマンなどコレクター色の強いヴィンテージ商品や限定品です。こういった商品は中古が多くなりますが、新品も多少はあります。

新品でも中古でも気を付けるべき点として、**非常によく似た商品でもちょっとした違いで価格が大きく変わることがあります**。たとえばオリジナルか復刻版か、日本製か中国製かなどです。過去の落札相場を見て仕入れる場合は、コンディションはもちろんのこと、細部まで同じものかどうかをよく注意して確認してから仕入れるようにしましょう。

▲ ミニカーの参考例です。同じトミカのNo.27「クラウン ファイアチーフカー」の黒箱ですが、サイレンスピーカーやステッカーなどに微妙な違いがあり落札価格も雲泥の差です。

第3章 利益率アップ！商品仕入れテクニック

仕入れる商品をリサーチしよう

商品を仕入れるにはリサーチが必要です。しかし、リサーチといっても何からどうやって探せばよいのかわからない…という人が多いと思います。ここではそのリサーチについて、しっかりと解説します。

◆ 仕入れは「オークファン」を使えば目利きは不要

　一般的に仕入れには、「目利き」が必要といわれており、売れる商品、売れない商品を見極めることが大切です。しかし、目利きをしなくても、**ヤフオク！の過去の落札結果データを使う**ことで、どのような商品が売れる商品なのかということがわかるようになります。

　筆者は以前、「オークファン」という会社に在籍していました。オークファンは、ヤフオク！の過去の落札結果データを数億件保有しています。このデータを仕入れ時に利用することで、いつ、何が、いくらで、どれくらい売れたのかをかんたんに調べることができます。これらのデータは実際の落札データですので、その商品のおおよその需要を把握できます。つまり、**オークファンの落札結果データを使い、過去と現在の需要を調べる**ことで、**未来の需要を予想する**ことができるのです。

◆オークファンを使うもう1つの利点

　オークファンを使うリサーチでは、もう1つの利点があります。それは、リアル店舗などで今、目の前にある商品が**ヤフオク！で売れたことがあるのか、もしあるならいつ、いくらで売れたのか、ということをすばやく知ることができます**。そのようなデータが確認できたら、落札価格からこの目の前で売っている商品の価格を引けば、利益が出るのか出ないのかが一目瞭然になります。

「オークファン」
URL　http://aucfan.com

◀ 筆者も5年弱在籍した落札相場検索サイトです（Sec.088 参照）。

◆オークファンで仕入れる商品をリサーチする

　初めに、オークファンのトップページでキーワードを入力し、＜ヤフオク！＞を選択してヤフオク！だけを検索します。検索結果ページの画面左側には、キーワードや価格、期間、サイト別（ヤフオク！やモバオクなど）などの絞り込み機能が表示されます。

　また、ヤフオク！で絞り込んだときのみに、「商品の状態」、「出品者の状態」、「出品者ID検索」の絞り込みが表示されます。とくに出品者IDでの絞り込みは、特定の出品者が何をどれだけ売ったのかがひと目でわかります。

◆落札結果データを分析する

　検索した落札結果は直近30日前までの落札品が日付順に出ます。直近に落札されたものはわかりますが、売れているかどうかはわかりませんので、次のように絞り込んで、ポイントをチェックします。

　ヤフオク！で絞り込み、コンディション（新品か中古）を統一し、価格の高い順に並び替えます。次に検索結果を見て、同じ商品が複数回落札されているかを確認し、同じ商品があれば共通するキーワードを抜き出して、キーワードに追加してさらに絞り込んでいきます。

　上記の方法で「ナイキ エアマックス 95 QS Greedy」で検索したところ、落札価格に約5,000円の差があったので、一番高い商品と安い商品の違いを探します。続いて過去半年に範囲を広げてみると、最高値が40,000円、最安値が24,000円でした。一番多く落札されている価格帯は35,000円前後だったので、この商品の相場は35,000円～40,000円と見ることができます。

▲しっかりデータを分析してから、商品を仕入れるようにしましょう。

第3章 利益率アップ！商品仕入れテクニック

Section 031

国内仕入れと海外仕入れの違いと特徴

★仕入れテクニック

仕入れ商品を決めたら、次は仕入れ先を探します。一般的に国内での仕入れを想像するかもしれませんが、本書では海外からの仕入れも紹介します。ここでは、その違いと特徴を解説します。

国内仕入れのメリット・デメリット

　国内仕入れには、**「日本語が通じる」「早い」「見つけやすい」**という3つのメリットがあります。

　まず、質問や提案、価格交渉などすべて日本語で取引ができます。これは当たり前のようで、実は大きなメリットです。また、遅くても発送から2〜3日程度で手元に届きます。このスピードは国内仕入れの大きな強みです。さらにセール情報などが入手しやすく、勝手がわかっている分、仕入れ商品を見つけやすくなります。

　デメリットとして、「見つけやすい」ということはあなた以外の人も見つけやすいということですので、「みんなが仕入れられる」ことになります。つまり「ライバルが多くなる」わけです。さらに、ライバルが増えると価格競争に陥りますので、結果的に**「利幅が薄くなりがち」**になります。

●メリット

- **日本語が通じる**：仕入れ取引に関することすべてが日本語でできる
- **早い**：注文後、商品が手元に早く届く
- **見つけやすい**：セール情報の入手しやすさや勝手がわかっている

●デメリット

- **利幅が薄い**：ライバルが多く、価格競争に陥りやすい

▲ 国内だとどうしてもライバルが多く、安さ勝負に巻き込まれる可能性もあります。

・海外仕入れのメリット・デメリット

海外仕入れには、「**日本より安く買えるものがある**」「**珍しいものがある**」「**利幅が大きい**」という3つのメリットがあります。

輸入品を中間業者を通さずに直接海外の会社から買うので、その分日本で仕入れるよりも安く買うことができます。また、世界中のブランド品やレアもの、海外限定品は日本でも人気が高く売りやすいので、魅力的です。このように海外仕入れを行うことで、利益幅、利益額を大きく稼ぐことができます。

デメリットももちろんあります。まず、**梱包などが低クオリティ**になります。また、当然**国内よりも配送に時間がかかります**。そして**為替変動がある**ため、今まで利益が出ていた商品も、取引するときの為替によって利益がなくなることがあります。とはいえ、販売価格を引き上げることはなかなかできないので、その分利益が圧迫されます。

●メリット

- **安く買える**：中間業者を通さず直接買える
- **珍しいものがある**：日本未発売のレアもの、限定品が買える
- **利幅が大きい**：売りやすい商品が仕入れられるので大きな利益を出せる

●デメリット

- **梱包の状態が悪い**：外箱が壊れている商品が送られてくる
- **遅い**：注文後、商品到着までに時間がかかる
- **為替変動がある**：為替によって大きく利益減となることも

◀ eBayやタオバオなど、ネットでできる海外仕入れについては第7章で解説しています。

> ◆MEMO◆ **筆者は海外仕入れ派**
>
> 筆者自身は海外からの仕入れをメインに行っています。やはり安く買えるということが大きく影響しています。個人的なこととしては、以前に国内の問屋に交渉をしに行ったところ断られたので、海外から直接買うしかなかったという裏事情もあります。結果的にはそれがよかったわけですが、一方で商品に対するリスク（破損や欠品）は、基本的にすべて自分の責任になるというデメリットがあります。ただ、どんなものにもリスクはありますので、それをどう管理するかであると思っています。

第3章 利益率アップ！商品仕入れテクニック

ネット仕入れとリアル店舗仕入れの違いと特徴

★仕入れテクニック

前節は商品仕入れ先の解説でしたが、ここでは仕入れの手段について解説します。仕入れ方法はネット仕入れと、リアル店舗（実店舗）仕入れに分かれます。それぞれのメリットとデメリットを確認しましょう。

ネット仕入れのメリット・デメリット

　ネット仕入れとは、インターネットを利用してネットショップやネット問屋（Sec.037参照）などから仕入れを行うことです。

　メリットは何といっても、**時間と場所を選ばない**ことでしょう。仕入れ先は国内、海外を問うことなく自由にでき、また、作業する場所は自宅やカフェ、または旅行先などどこででもパソコン1台あれば行えます。24時間365日、いつでもどこでも仕入れができるのです。また、**ほかの店舗との比較**がかんたんにできます。さらに、店舗へ行く必要がなく、**交通費がかからない**ので、原価を下げることができます。

　しかし、デメリットもやはりあります。商品を探すのは主に検索になるので、検索語句の選定がとても重要になり、それなりの**検索能力が必要**です。また、画面を通じて購入するので、**現品の商品確認を行うことができません**。最後に、すべての商品がインターネット上で販売されているというわけではないということです。そのショップの扱っている一部の商品のみを、インターネットに掲載して販売しているというケースがあります。とくに在庫が薄いレアものや限定品、わけあり商品などは**継続して仕入れることは難しい**でしょう。

●メリット

- **いつでもできる**：24時間365日好きな時間に仕入れができる
- **どこでもできる**：パソコン1台あれば自宅、カフェ、旅行先で仕入れが可能
- **比較しやすい**：他店との価格をかんたんに比較できる
- **交通費がかからない**：結果的に原価を下げられる

●デメリット

- **検索スキルが必要**：ネットショップサイトなどでの検索能力が求められる
- **商品確認ができない**：パソコン画面の確認のみで仕入れなければならない
- **商品ラインナップ**：品揃えに限界がある

リアル店舗仕入れのメリット・デメリット

　街の販売店などで仕入れを行うリアル店舗仕入れにも、メリットとデメリットがあります。

　メリットは、商品を実際に見られることです。とくにフィギュアなどのコレクター商品は細かい傷や汚れが価格に影響するので、自分の目で見て判断して納得がいくものを仕入れる必要があります。また、目的の商品以外にも、今までは興味がなかった商品も見ることができ、仕入れの対象、視野を広げられます。

　その反面デメリットは、1店舗だけで仕入れがすべてまかなえることはほぼありません。ほかの店舗へ移動する必要がありますので、移動時間と交通費が発生します。加えて移動の範囲が限定されます。そのため、仕入れが安定しないこともあります。

●メリット
- **商品が確認できる**：細かい傷や汚れも確認でき、納得いくものを仕入れできる
- **視野が広がる**：興味のなかったものも見たり知ることができる

●デメリット
- **移動が必要**：時間と費用がかかる
- **目当ての商品がない**：安定した仕入れができない

▲ 代表的なリアル店舗の仕入れ先である大型古書店、家電量販店での仕入れについてはSec.034、036で解説します。

> **MEMO　筆者はネット仕入れ派**
>
> 現在、筆者はネット仕入れがほとんどです。やはり家から出る必要がありませんし、外に出るにしてもパソコンが1台あればどこでも作業ができるからです。また、リアル店舗仕入れのように移動時間がありませんので、その分リサーチにかける時間を増やすこともできます。ツールやデータ検索を使えるというのがネット仕入れの強みですので、1つの商品を効率的にリサーチできます。

第3章 利益率アップ！商品仕入れテクニック

Section 033

仕入れでの注意点を確認しよう

★仕入れテクニック

何でも出品されているヤフオク!ですが、だからといって何を仕入れてもよいということではありません。個人できちんと売って利益を上げるためには、注意すべき点がいくつかあります。

・初心者がやりがちな誤った仕入れ方法

◆自分が好きなものを仕入れる

初心者でよくありがちなことは、自分の好きなものを売ろうとすることです。「自分が好きなものは、ほかの人も好きなはずだ」と考えているようですが、これは完全な間違いで、**あなたの好きなものを必ずしもほかの人も好きとは限りません**。この入口を間違えると、仕入れは必ずといってよいほど失敗します。

◆データの裏を取らず勘で仕入れる

決して勘で仕入れてはいけません。上級者になれば過去のデータがなくても「売れそう！」という判断ができますが、初心者のうちは経験も勘も未熟です。売れない商品はどんなに頑張っても売れませんので、「売れそう」という気持ちのほかに、きちんと**データという裏付けを取る**ようにしてください（Sec.029参照）。

◆落札相場を読み違える

落札相場の最高額を基準に仕入れてしまう、ということも初心者はやりがちです。たとえば相場が35,000円の商品で最高額が40,000円、最低額が25,000円の場合、初心者は40,000円で販売することを狙って35,000円でも仕入れてしまい、結局売れずに相場の35,000円、ときにはそれ以下で売って儲からない、ということがよくあります。正しくは相場は35,000円なので、**その価格で売っても利益が出る価格で仕入れられるか**です。もっといえば最高の仕入れは最低額の25,000円で落札されても、損をしない価格で仕入れることです。

◀ これが実現できれば、ほぼどんな売り方をしても損をすることのない安全ラインになるでしょう。

在庫はできるだけ残さない！

　仕入れで大事なことは、**仕入れた商品を売り切ること、つまり在庫を残さないこと**です。最初に仕入れるときやリピートで仕入れる場合に、いくつ仕入れるのかを考えなくてはなりません。これも商品の選定と同じで、勘に頼ってはいけません。

　過去の落札データを参考に、1ヶ月から1.5ヶ月で売れる数量を最大とします。たとえば、落札データによると、Aという商品が1ヶ月に10個落札されているとします。この商品は現在、2人の出品者から出品されているとします。そうすると、1ヶ月あたりに落札される個数は1人5個となります。初心者は商品説明や商品画像が甘かったりするので、売れ行きはさらに低くなることも念頭に入れておきます。そこにあなたが新たに出品しても、1ヶ月で10個、3人の出品者がいれば単純計算では全体の33％があなたから落札されます。ですので、多くても4個、無難にいくなら2～3個が妥当な仕入数として計算できます。

　適当な数量を仕入れてしまい在庫になると新しい仕入れもできなくなりますし、相場価格が下がってしまうと大赤字になりかねません。仕入れ数量はとくに注意してください。

◀ 在庫が残らないよう、適正な仕入れの数量を予想するようにしましょう。

輸入、販売できないものをうっかり仕入れない

　ヤフオク！には出品が禁止されている商品（「http://guide.ec.yahoo.co.jp/notice/attention/type/prohibition-goods.html」を参照）がありますが、海外仕入れを行う際、ヤフオク！への出品以前に**輸入自体にハードルがある商品**というものもあります。

　代表的な例として、食器や6歳児未満の乳幼児を対象としたおもちゃは、販売目的で輸入する際に厚生労働省検疫所輸入食品監視担当へ「食品等輸入届出書」をその都度提出する必要があり、ヘルメットやベビーベッド、電気製品は輸入販売する際にPSCマークまたはPSEマークの取得が必要になります。また、チャイルドシートの輸入販売は国土交通省の安全基準に適合させるといった高いハードルがあります。さらに欧州とアメリカ以外の国のチャイルドシートは日本では使用が認められておらず、中国からの輸入品は利用できません。安全基準については命に関わることでなので、しっかりと確認するようにしましょう。

第3章 利益率アップ！商品仕入れテクニック

大型古書店で商品を仕入れよう

★仕入れテクニック

ここからは、実際の仕入れ先について解説します。仕入れ先の候補として身近なものが、大型古書店です。あなたも1度は利用したことがあるかもしれません。これからは大事な仕入れ先の1つになります。

大型古書店で仕入れる

　大型古書店は全国各地にあり、品数も豊富に取り揃えています。具体的には書籍や雑誌、漫画本のほか、CDやDVD、ゲーム、中古携帯などが販売されています。100円コーナーやワゴンコーナーといった格安販売が特徴的です。

　非常にたくさんの商品がありますが、大型古書店はあくまでも買い取ったものを販売するビジネスモデルなので、定期的に同じ商品が入荷するとは限りません。要するに何があるかわからない状況なのですが、とりあえず何となく探しに行っても絞り込めません。下記のように、ある程度の目星をつけ、オークファン（P.53参照）で検索し、**高値で落札されているものをピックアップして**店舗でリサーチしましょう。

- DVDやCDなどの初回限定盤（コアなファンが探している）
- アイドル、有名人の写真集（絶版や昔のアイドルなど入手困難なものは高額で取引される）
- シリーズもの（全巻セットなどシリーズを揃えると落札価格が上がる）
- 箱、付属品付きのゲームソフトや本体（ファミコンなど古いもので状態がよいもの）
- Amazonの在庫切れ商品（Amazonにないとヤフオク！でも探しているケースが多い）

　初めての人が狙いをつけやすいのは、漫画本の「全巻セット」です。狙い目のものとしては、**ヤフオク！で人気があってもあまり出品されていない品薄になっている漫画本**です。また、バラで売っている漫画本を購入して、いくつかの店舗を渡り歩くことで全巻セットを作ってしまうということもできます。単品よりも全巻セットにしたほうが高く売れるので有効な手段です。

◀ 漫画本の全巻セットは、ヤフオク！では人気商品です。

大型古書店で使える仕入れテクニック

◆仕入れに行くタイミング

週末に買い取り額アップキャンペーンなどを実施しているときがあるので、月曜日、火曜日あたりに行くとよい商品に巡り合える可能性が高くなります。

◆セールを活用する

店舗ごとに独自でセールをしているところがあります。たとえば、本が半額、CD・DVD30%OFF、ゲーム20%OFFなどです。週末は古書店にとっても仕入れと販売のポイントになるので、セールを行っているときは販売用の商品を仕入れに行く価値があります。携帯会員になると店舗ごとのセール情報も受け取れるので、セールを行っている店舗からまわりましょう。

◆クレジットカードや電子マネーで買う

クレジットカード（楽天カードやオリコカードなど）や電子マネーで支払うことで、ポイントが貯まります。**貯まったポイントで商品を購入して販売する**と、利益率100%です。

◆ポイントカードを利用する

古書店によってはポイントカードがあります。税抜価格に対し1%のポイントが貯まり、1ポイント1円で次回以降の買い物に使えます。

◆割引券を利用する

買い物をすると割引券をくれることがあります。割り引いてくれるパーセンテージは5%だったり10%だったりしますが、この割引券を使って買えば安く仕入れられます。ただ、セールの割引と併用できないことが多いので、使うためには2回に分けて買い、最初の買い物で割引券をもらって2回目の買い物で使う、という方法や、近くの別の店舗に行ってそこで使う、それもなければ次回の買い物で使う、という工夫をしましょう。

◆株主優待券を利用する

古書店の株主には、優待券として割引券が送られることがあります。この優待券は、まれにヤフオク！に出品されています。落札価格としては割引金額の95%くらいですが、これを落札して利用することもできます。小さな積み重ねも大事です。

第3章 利益率アップ！商品仕入れテクニック

Section 035

★仕入れテクニック

フリーマーケットで商品を仕入れよう

フリーマーケットは、個人が不要品を手軽に売買できる場として定着し、全国各地で開催されています。個人の出店が多いため、よい商品が格安で手に入り、仕入れにはとてもよい場ともいえます。

◆ フリーマーケットで良品を仕入れる

　フリーマーケット（以下、フリマ）とは、休日に公園やイベント会場などで開催している市場です。出店する希望者が参加料を支払うことで、個人が自分の使っていた古物を持ち寄って自由に売買することができます。最近は「エコ」が注目されていることや、気軽に参加・販売できることから、かなり定着しています。

　基本的には個人が家でいらなくなったものを販売しています。出品される商品は生活雑貨や服のほか、ゲームやおもちゃ、本、インテリアなど、ほぼ何でもありの状態です。出店者は不要品を出すのがメインなので、出店者ごとの出品内容も千差万別です。その人にとっては不要品のため、**格安で販売されるケースも珍しくありません。**

　フリマの情報サイト（下記参照）をチェックして、近くで開催していたら見学がてらに行ってみるのもよいでしょう。最終的にはフリマでの仕入れを目指すので、そのための事前調査として、フリマの規模、具体的には出店者数を確認してください。20よりも100、150とあったほうが単純に商品数が増えるので、よい商品を仕入れられる確率が高くなります。

「楽市楽座」
URL http://www.rakuichi-rakuza.jp/all

「フリマガイド」
URL http://furima.fmfm.jp/

フリーマーケットで使える仕入れのテクニック

　ヤフオク！に出品する商品を、フリマで仕入る際に使えるテクニックがいくつかあります。

◆朝イチを狙う

　フリマでは不要品を手軽に売買できる場であるため、出店者は在庫ストックを持っておらず、ほぼすべての商品が「1品もの」になります。ですので、**商品がもっともたくさんの並ぶ開始時間直後の時間帯**を狙いましょう。できれば開始直後に即買いできるように、出店者が準備中の段階で見回り下調べをしておきます。準備中でも場合によっては売ってくれることもあるので、声をかけてみて、買えるようであれば買ってしまいましょう。

◆必ず価格を交渉する

　フリマでの醍醐味の1つが、価格交渉です。表示されている金額からいくらまで安くできるかを聞いてみましょう。安くなればラッキーです。出店者も価格交渉があることが前提で、むしろそれを楽しむという人も多いので、遠慮せずに聞きましょう。交渉のコツとしては一方的に価格を下げてほしいと伝えるよりも、「これとこれを同時に買ったらいくらですか？」や「これが安くなったらあれもほしい」など、**相手にもメリットがあるように交渉する**と、まとまりやすくなります。

◆プロからは買わないこと

　フリマの出店者にも、プロ（業者）がいます。もちろん出店は違反ではありません。しかし、彼らは個人出店者のように不要品の処分に来ているのではなく「売り」に来ているので、このような出店者は仕入れの対象にはしません。それよりも、魅力的な個人出店者を探すことに注力しましょう。

フリーマーケット仕入れで注意すべきこと

　フリマは非常に魅力的な仕入れ先ですが、電化製品やブランド品など、**手を出さないほうがよい商品**というのもあります。電化製品は動くかどうかで価格にたいへん差が出ます。もし壊れていても返品はとても困難です。また、ブランド品は目利きができるなら問題ありませんが、本物の見分けができない場合はフリマで買うのは相当危険です。コピー品がないとはいえませんので、わからない場合は買わないのが一番の自己防衛です。

第3章 利益率アップ！商品仕入れテクニック

Section 036

★仕入れテクニック

家電量販店で商品を仕入れよう

大型の古書店と並んで有力な仕入れ先が家電量販店です。大手の場合は、ときとしてものすごく思い切った値引きやセールを行います。サイトやチラシをチェックして見逃さないようにしましょう。

◆家電量販店にいつ行けばよいか？

　家電量販店とは、主に家電製品を大量に仕入れて安く売る、大型小売店のことです。大型の小売店ですので、客寄せ用のワゴンセールやタイムセールは思い切った価格を付けることがあります。また、駅前に多く立地し巡回などもしやすく、仕入れがしやすいのが特徴です。ほとんどの家電量販店は自前でネットショップも運営していますが、店舗限定のワゴンセールやタイムセールなどもあるので、実店舗のほうが魅力的です。

　お得に買えるセールの時期は、年末年始やクリスマスなどが定番ですが、春の入学・卒業シーズンなど**季節の節目にもセール**があります。また、これらの少し前には**在庫処分のため旧型商品のセール**もあります。何度か通うとお店の傾向がわかるので、巡回する間隔や順序も考えておきましょう。また、決算前には売上を伸ばしたり在庫を減らすことを目的に、**決算セール**が行われることもあります。

　各社がどんなセールをしてどんな商品を目玉にしているかなどは、チラシを見ればわかります。近所のお店以外の店舗の情報も知るには、「Webチラシ」が便利です。「Shufoo!」というWebチラシサイトがあり（下記参照）、相当数の家電量販店のチラシが確認できます。

「Shufoo!」
URL http://www.shufoo.net/

家電量販店で使える仕入れのテクニック

　一番の狙い目は、**閉店セールを狙う**ことです。閉店セールであれば通常の割引よりもさらに値引されていたり、店員との値引き交渉もいつも以上に割引してくれたり、おまけをくれたりします。また、**展示品**は、できるだけその店舗で販売しようとするのでとくに狙い目です。なお、ヤフオク！で展示品を出品するときは、「新古品、展示品」として出品しましょう。その次に狙うのは、**ワゴンセールやタイムセール**です。その場合、いつ、どの店舗でタイムセールをやっていたか、ワゴンセールがあったかなどをしっかりと記録しておきましょう。このデータの蓄積があなただけの仕入れバイブルとなり、更新すればするほど最強の仕入れデータとなります。

●家電量販店での仕入れテクニック

- 閉店セールを狙う
- 展示品を狙う
- ワゴンセールやタイムセールを狙う

商品はクレジットカードを使って仕入れる

　家電量販店で仕入れをするときは、できるだけクレジットカードを利用しましょう。ほとんどの家電量販店では購入金額に対して独自のポイントが付きますが、クレジットカード（楽天カード、オリコカードなど）で払うと、さらにクレジットカードのポイントも付いてお得です。一部家電量販店ではクレジットカードで購入するとポイント還元率が下がる場合がありますが、店員との交渉次第で現金購入と同じ還元率にしてくれることがあります。こうしてポイントをどんどん貯めていくことで、**将来的にポイントだけで仕入れを行えば**、利益率100％の商品を仕入れられるようになります。いかに安く買うかが仕入れでは重要なので、支払い方法によるポイントの還元率を比較して、一番お得な方法で買いましょう。

> **MEMO　POPで注意するポイント**
>
> セール品には通常販売価格の上から値引きされた金額のPOPが貼られていることが多くあります。そのような場合、ちょっとPOPをめくって元の売価を確認してください。意外に数百円程度しか値引きしてない商品もあります。元の売価の半額くらいになっているものありますが、どちらのほうが利益になる確率が高いかということはすぐにわかると思います。見た目の価格に惑わされないように注意してください。

第3章 利益率アップ！商品仕入れテクニック

Section 037

★仕入れテクニック

ネット問屋で商品を仕入れよう

インターネット物販独特の仕入れ方法に、ネット問屋からの仕入れがあります。ネット通販と似ていますが、基本的に価格は会員以外が見ることはできません。ネット問屋は、販売者のみが利用できます。

ネット問屋仕入れのメリット

　ネット問屋のメリットは何といっても手軽さです。面倒な契約の手続きもインターネット上ですべて完結するので、ネットショップのようにクリックのみで仕入れを行うことができます。以前は法人でなければ仕入れられないネット問屋もありましたが、現在では個人でも仕入れをできるところが増えました。

　また、大手のモール型ネット問屋には非常にたくさんの卸業者が集まるので、品揃えが豊富です。数年前まではロット（仕入れの単位）をある程度求められることがありましたが、現在では、1個からでも仕入れられるところも多くあります（仕入れ個数によって仕入れ価格が変わることがあります）。さらに、仕入れ価格が明確なので、ヤフオク！での売れ行きも調べれば、仕入れる前にある程度の販売個数の予測と利益計算も可能です。

　すぐに仕入れることができてさまざまな商品があり、少数から仕入れられ、利益の計算もしやすいのが大きなメリットです。

ネットでかんたん注文

品揃えが豊富

少数仕入れが可能

▲ 個人でも気軽にネット問屋で仕入れができるようになりました。

ネット問屋仕入れのデメリット

　ネット問屋での仕入れにもデメリットはあります。まず、個人も法人も関係なく買えるということは、誰にでも仕入れができるということになります。結果的に**価格競争になりやすく、利益が厳しくなってしまいます**。また、ネット通販と同じで**現物の確認をすることができません**。ネット通販であればイメージと違ったなどの理由で返品も可能ですが、ネット問屋の多くは、基本的に故障や汚損以外の返品を受け付けていません。仕入れる際にはそのことを念頭に入れ、商品内容の確認は怠らないようにしてください。

◆ネット問屋仕入れを使う無在庫販売は行わない

　ネット問屋の商品を仕入れる前にヤフオク！に出品だけ行い、入札が入ってから仕入れる、いわゆる「無在庫販売」を行う人がいますが、**この行為はヤフオク！の規約違反にあたります**。また、ネット問屋側もネットだけで売っているわけではありませんので、突如在庫切れになることもあります。これでは、落札者にも大きな迷惑をかけてしまいます。場合によっては「悪い評価」をもらってしまうかもしれません。このような無在庫販売は絶対に行わないようにしましょう。

▲ 無在庫販売はヤフオク!では禁止されています。

ネット問屋で使える仕入れのテクニック

　利用にあたり、たいていのネット問屋では会員登録が必要ですが、慣れない最初のうちは、無料で登録できるネット問屋にのみ登録すれば十分です。売上、利益が上がってきたら有料のところも登録していくとよいでしょう。

　仕入れが1万円〜というように金額設定があるところがありますが、1点からでもOKのところもあります。もちろん1点からのほうが在庫リスクという面ではありがたいのですが、その分、仕入原価が高くなる傾向にあります。ただ、**初めのうちは薄利でも在庫リスクをできるだけ回避しながら出品**して、落札されるとわかれば数を増

やしていくようにします。ネット問屋も個別に卸し交渉ができるところもありますので、数が増えてきたらそういったことも視野に入れておきましょう。多く購入する場合は、原価の交渉もしやすくなりますので、とにかくたくさん出品することを目指しましょう。

主なモール型ネット問屋サイト

ネット問屋で有名なところというと、「NETSEA」と「スーパーデリバリー」があります。どちらも数百社以上のネット問屋から商品を探すことができるモール型ネット問屋です。両サイトは10年以上前から運営していますので、信用度や品揃えは優れています。なお、NETSEAは無料ですが、スーパーデリバリーは新規会員の場合、入会月とその翌月は月会費が無料となり、それ以降は有料です。

「NETSEA」
URL http://www.netsea.jp/

◀ 商品を160万点取り揃えている日本最大級の卸サイトです。アクセサリーからファッション、雑貨まで幅広い商品を展開、対応しています。フリープランでは販売上限金額はありますが、利用料が無料というところもうれしいポイントです。

「スーパーデリバリー」
URL http://www.superdelivery.com/

◀ 1,000社以上のメーカーなどからさまざまなジャンルの商品を仕入れられます。利用料として毎月2,000円（税抜）が必要ですが、メーカーから直送してくれる、小口仕入れでもできるなどメリットはたくさんあります。

MEMO セール情報を押さえておく

ネット問屋では、さまざまな特価商品のキャンペーンを行うことがあります。とくに季節商品はセールが行われるケースが多くあるので、各ネット問屋を定期的に巡回し、メルマガが発行されていれば購読していち早く情報を掴みましょう。

仕入れに使えるそのほかのサイト

　ここまでに紹介したモール型ネット問屋以外に、仕入れで使えるサイトがあります。仕入れと卸の総合サイト「ザ・バイヤー」は、総合卸、アパレル・衣料雑貨、アクセサリー・ジュエリー・時計、趣味雑貨・玩具・おもちゃ・スポーツ用品、美容・化粧品・健康・ダイエット・医療品の5つのカテゴリ別に優良ネット問屋を紹介し、キーワード検索で商材を探すことができます。また、「ザッカネット」は雑貨関連のメーカーや卸・問屋が集まる雑貨仕入れ情報サイトです。

「ザ・バイヤー」
URL　http://www.the-buyer.jp/

◀ 直接、卸を行う問屋サイトではありませんが、カテゴリ別優良ネット問屋の紹介や仕入れコラム、バイヤー用語集などのコンテンツがあります。

「ザッカネット」
URL　http://www.zakka.net/

◀ 毎日新商品の情報が更新されている卸や問屋・メーカーが検索できる仕入れ情報サイトです。

◆MEMO◆ 会員制セールサイトで仕入れる

会員制セールサイト「GILT」（https://www.gilt.jp/stores/women）で仕入れるという方法もあります。SoftBankグループのGILTは、正規品保障している海外ブランド品などを数量限定で格安販売する日本最大級のセールサイトです。運がよければ海外ブランド品を最大70%オフで買えるということもあり、人気の高い商品は一瞬でなくなるので、こまめにセール情報をチェックして乗り遅れないようにしましょう。WomenのほかにMen、Kids、homeもあります。

第3章 利益率アップ！商品仕入れテクニック

Section 038

★仕入れテクニック

中小のネット問屋で仕入れよう

ネット問屋は大手だけではありません。中小のネット問屋もそれぞれの特徴や得意分野を活かして商品を販売しています。中小ならではの細やかなサービスをしてくれるところもあります。

中小のネット問屋で仕入れる

　大手のネット問屋が幅広い商品を扱う総合問屋なのに対して、ほかのネット問屋は、**カテゴリを絞った特化型のネット問屋**であるケースが多くあります。総合問屋にすると規模的に大手にかないませんので、差別化しています。取り扱いたいカテゴリのネット問屋があれば要チェックです。

　こちらも大手の場合と同じく1個から仕入れが可能のところもあり、使い勝手は問題ありません。中には後払いOKのところや現金以外（クレジット）に対応しているネット問屋もあります。また、即日発送など、ネットショップのような**きめ細やかなサービスをしてくれる**ところもあります。

「在庫不要の卸サイトRダイレクト」
URL　http://r-direct.net/

▲ 旬な商品を多数扱う卸サイトです。画像やバナーなども利用でき、季節の特集ページも用意されています。

「Web現金問屋街」
URL　http://www.ichioku.net/shop/default.aspx

▲ 世界中に仕入れの拠点を持つ会社が運営し、旬な売れ筋アイテムがたくさんあります。完全無料で利用できます。

「中古パソコンのデジタルドラゴン」
URL　http://www.uricom-net.com/

▲ 中古パソコンを扱います。販売台数に応じてインセンティブがあるのは魅力です。代理店登録料として3,000円必要ですが、月額利用料は無料です。

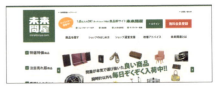

「未来問屋」
URL　http://miraitonya.com/

▲ 取り扱いアイテムが豊富ですが、腕時計がメインの問屋です。1点から仕入れができ、登録・月額利用料無料です。

「総合卸問屋イトウ」
URL http://www.cds-ito.co.jp/

▲ 大規模な物流倉庫を持っているので、大量の商品が供給されています。登録・月額利用料無料で、10,000円以上の注文で送料・代引手数料無料になります。

「香水問屋」
URL http://kohsui.com/

▲ 名前の通り人気ブランドの香水を販売しています。わけあり商品やテスターも販売しているのが面白いです。10,800円以上で送料が無料になります。

「卸売ドットコム」
URL http://oroshi-uri.com/

▲ 健康・医療・美容・ベビー・介護・日用品など幅広いカテゴリの商品を取り扱っています。1個から仕入れられ20,000円以上の発注で送料無料になります。

「株式会社セルフ大西」
URL https://www.self.co.jp/

▲ 衣料品を中心とした総合卸企業です。国内最大級、年間60万点以上の幅広い品揃えです。登録料、年会費は無料です。

「楽天B2B」
URL http://b2b.rakuten.co.jp/

▲ 楽天市場の卸・仕入れ専門サイトです。食品・日用品・ファッション・寝具・雑貨・インテリア・オフィス・ホビーなど多彩な商材が揃います。登録料・利用料は無料。

「マルゼントーイドットコム」
URL http://www.maruzen-toy.com/

▲ 昭和24年創業のおもちゃ問屋です。最大で90%以上OFFの商品もあり、品揃えも豊富です。会員登録をするとポイントが貯まります。

「かえるちゃんネット」
URL http://www.kaeru-chan.net/

▲ 美容・健康・バストアップ・生活用品をはじめ日用品の卸問屋です。闇市や期間限定・数量限定コーナーなどのイベントもあります。

「茶卸総本舗」
URL http://www.chaoroshisohonpo.net/

▲ ハーブティー、緑茶、ウーロン茶、紅茶などの茶葉が1,000種類以上あります。茶葉卸の総合サイトです。5,000円以上の注文で送料無料になります。

第3章 利益率アップ！商品仕入れテクニック

第3章 利益率アップ！商品仕入れテクニック

Section 039

セカイモンで海外から商品を仕入れよう

★仕入れテクニック

海外からの仕入れというと、敷居が高いと感じるかもしれませんが、「セカイモン」というサイトを利用すると、かんたんに海外仕入れをすることができます。

セカイモンとは？

　商品の仕入れについて、ここまで国内仕入れを解説してきましたが、海外からの仕入れ＝輸入もよい仕入れ先の候補です。とはいえ、いきなり輸入となると敷居が高く感じられるので、この節ではかんたんに輸入できる方法を解説します。

　それは、**「セカイモン」**というサイトを利用することです。セカイモンは約8億点の商品数を誇るアメリカの世界最大級のオークション・物販サイト「eBay（イーベイ）」（http://www.ebay.com/）の公認ショッピングサイトです。世界各国で展開しているeBayの使用言語は英語などの外国語ですが、セカイモンでは**eBayに掲載されている商品を日本語で検索することができます**。セカイモンを利用することで、日本にいながら世界中の商品をかんたんに安心して買うことができます。

　また、セカイモンでは注文だけではなく、そのあとの自宅への配送までの輸入手続きまですべてを行ってくれるので、ほとんど日本国内のショッピングサイトと変わりません。

「セカイモン」
URL http://www.sekaimon.com/

▲ eBay公認の「セカイモン」は、日本語でかんたんに輸入できます。

人気検索キーワードを参考にする

　セカイモンでは、サイト内で、カテゴリごとの人気検索キーワードが公開されています。これを見れば、今、何が検索されているのか（何をほしい人が多いのか）がすぐにわかります。輸入と聞いて何から始めたらよいのかわからないという人は、ここからヒントが得られそうです。

◀ トップページ最下部の＜人気検索キーワードランキング＞をクリックします。

◆ セカイモンで購入する流れ

　はじめにメールアドレスや名前、電話番号などを入力し、会員登録を行います。ここで登録する住所に、セカイモン物流センターから購入商品が届けられます。支払い方法はクレジットカードかPayPalのどちらかを選択します（あとから変更もできます）。PayPalとはPayPal口座間やクレジットカードでお金にやり取りができる、eBayでも採用しているセキュリティの高い決済サービスです。会員登録をしたらログインして、トップページから探している商品のキーワードを検索しましょう。日本語を入力してもセカイモンが自動的に翻訳してます。

　よい商品が見つかれば、＜今すぐ購入する＞をクリック支払いに進みます（オークション形式の商品は、ヤフオク！同様＜入札する＞をクリックして、落札が終了するまで待ちましょう）。

　次に、支払い額を確認してください。表示されている金額は「商品価格」「セカイモン手数料」「米国内配送料」などです。関税と国際送料は含まれておらず、これらの金額は通関時に別途メールで連絡がきます。最後に、＜購入を確定する＞をクリックすれば、注文が完了します。

◀ 個人で海外サイトから輸入するようにも若干費用はかかりますが、面倒な手間は一切省けて便利です。

Section 040 ジャンク品を仕入れよう

★仕入れテクニック

第3章 利益率アップ！商品仕入れテクニック

普通のショップでは、ジャンク品（壊れた商品）は売りものになりません。しかし、ヤフオク！では1つのカテゴリになるほど、とても需要が高い商品です。ここでは、ジャンク品を仕入れる方法を解説します。

ジャンク品を仕入れる

　壊れてしまったりして正常な商品として扱えないものを、ジャンク品といいます。もとの持ち主にとっては捨てるしか選択がないジャンク品でも**修理して販売したり、修理用のパーツ取りとしてや、パーツを取り出して販売するなど価値がある**ので、あえて仕入れる人たちがいます。

　ジャンク品の仕入れ先として、もっとも身近なところは、Sec.034で紹介した**大型古書店**や**リサイクルショップ**です。そのようなお店には、店内にジャンク品コーナーがあることがあります。とくにゲーム機やおもちゃなどの動かないジャンク品がよく見られ、だいぶ安価に設定されています。

　ほかの仕入れ先として、**フリーマーケット**（Sec.035参照）があります。Sec.035では電化製品などは買わないほうがよいといいましたが、初めから壊れているジャンク品とわかっていて、それに見合った価格であれば仕入れても問題ありません。あとは、友人や家族、親せきなどから譲ってもらったり、ちょっと大がかりにするならビラを作成して近所に投函するだけでもそれなりに商品は集まってきます。

●ジャンク品の仕入れ先

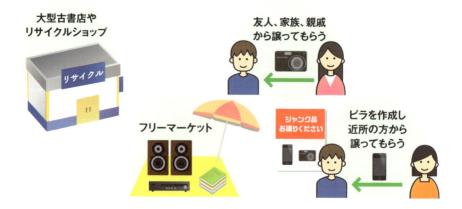

ジャンク品のまま出品しない

ジャンク品とはつまり壊れているもので、正常の製品としては出品できないものを指します。ですので、通常は最終落札価格も非常に安価です。しかし、できるだけ収益を上げたい場合はこんな方法があります。

それは、**ジャンク品を分解してパーツのみ出品するという方法**です。パソコンなどの電化製品が代表的ですが、一部の部品を手に入れたくて、ジャンク品に入札する人がいます。そのような人のために、あらかじめ分解することで、「ジャンク品（壊れたもの）の出品」から「中古部品の出品」、というように表現を変えることができます。

また、複数のジャンク品から正常な部品のみを集めて正常品を作って出品することもできます。電化製品の場合は知識や技術が必要ですが、たとえばボードゲームのパーツが足らない、などはかんたんに完成品にすることができます。ジャンク品を仕入れる場合には、そのまま出品する以外の出し方が可能かどうかについても考えながら仕入れましょう。

◀ ヤフオク!を「ジャンク」で検索すると、10万件を超える出品があります。

◀ 「中古パーツ」として出品した商品にも、ものによってはたくさん入札されているものもあります。

> **MEMO　ジャンク品仕入れで注意すること**
>
> ジャンク品について気を付けなければならないのは、粗大ごみなど捨ててあるものを勝手に持ってきてはいけないということです。回収が区市町村などによって管理されていますので、勝手に持ち出すことはできません。

運送会社を指定されたら

　自分が設定していない運送会社で送ってほしいと落札者から依頼されたら、どう対応するのがよいのでしょうか。対応すべきかどうか迷うところです。

◆出品者にも落札者にも都合がある

　出品者としては、できるだけ手間のかからないところから発送したいと考えます。たとえば、契約している運送会社がある、営業所が近い、近くのコンビニが提携している運送会社を使いたい、などです。また、通勤通学の途中に郵便局がある、そんなパターンもあるでしょう。人によっては複数の発送方法に対応できるかもしれませんが、よほど都会でもない限り、すべての運送業者に対応することはできません。

　では、落札者側を考えてみましょう。当然ですが、受け取りのことを考えます。家に誰かがいるのでいつでも何でもよいという人はよいのですが、落札者も近くに営業所があるなど自分の状況に応じた運送会社（配送方法）がよいと思っています。

◆原則に従った対応を

　そんなときに、自分が対応していない運送会社で送ってほしいと落札者から依頼された場合、どうするのがよいでしょうか。多くの人は、「それくらいなら希望に応えるべき」というと思います。ですが、筆者は少し違います。個人の趣味でヤフオク！をやっているときはこれで構わないと思いますが、副業や本業として行う場合には原則に従って対応するべきだと考えます。それは、「書いていないことは対応しない」ということです。なぜなら、出品のページに書いていないことに対応するということは、それ以外の、たとえば値引きやおまけのなどさまざまな要求をされることにつながる危険があるからです。1つのイレギュラーを認めることで、「いえば対応してくれる出品者」と思われて、あれもこれもとなってしまうのです。さらに、商品に問題があった場合にはさらに要求がエスカレートします。副業や本業となると継続的に多数の商品を販売していきますので、「書いてあることは誠意をもって対応する。書いていないことはお断りする」、というスタンスをしっかりと持ってください。

 不足分は払うんで、○○運輸で送ってもらえますか？

 書かれた配送方法でお願いします

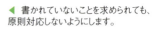 ◀ 書かれていないことを求められても、原則対応しないようにします。

第4章

落札率アップ!商品詳細ページ作成のテクニック

Section 041	ヤフオク!でできるテクニックは限られている……………… 108
Section 042	ヤフオク!ユーザーの特徴を意識しよう………………………… 110
Section 043	ヤフオクで画像を4枚以上掲載するにはどうする?………… 112
Section 044	画像を見栄えよく加工しよう……………………………………… 114
Section 045	大量の画像を一括で処理しよう…………………………………… 116
Section 046	サイズの表記のしかたと基準を理解しよう……………………… 118
Section 047	商品説明文にいらないことは省こう①入札の制限…………… 120
Section 048	商品説明文にいらないことは省こう②出品者のエゴ………… 122
Section 049	商品説明文にいらないことは省こう③余計な情報…………… 124
Section 050	商品に保証を付けよう……………………………………………… 126
Section 051	明記したほうがよいことを押さえよう…………………………… 128
Section 052	商品によっては送料を無料にしよう……………………………… 130
Section 053	利益を上げるために出品方法を工夫しよう……………………… 132
Section 054	出品テンプレートを利用しよう…………………………………… 134
Column	ランク分けをして状態について細かい情報を伝える………… 136

第4章 落札率アップ！商品詳細ページ作成のテクニック

Section 041

★商品詳細ページ作成

ヤフオク!でできるテクニックは限られている

ヤフオク!の出品は誰もがかんたんにできるよう、テンプレート化されていて非常にシンプルです。しかしその反面、自由度があまりなく、できる販売テクニックが限られているともいえます。

できることは限られている

　通常、インターネットでなにかものを販売するには、何らかの方策をとります。たとえば、キャンペーンを使ったり、PPC広告（クリックされた分費用が発生するクリック課金型広告）をはじめとしたインターネット広告を使ったり、GoogleやYahoo! JAPANなどの検索エンジンで特定のキーワードで検索されたときに上位に表示されるようにするSEO対策（検索エンジン最適化）などです。

　しかし、基本的にヤフオク！での広告は、もともと設定されている「アフィリエイト」（商品を紹介してもらい、落札されたときにあらかじめ設定された割合の報酬を紹介者に支払う広告手法）や「注目のオークション」（P.69参照）などに限ります。

　また、HTMLタグによる商品詳細ページの作成も、今ではさまざまなことができるようになりましたが、出品で使えるものはごく一部の表の作成や画像の表示、リンクの設定など非常にシンプルなものです。しかし、何もしないと売上は伸びません。**少ない中でも工夫をして少しでも売れるように努力する**必要があります。

▲ ヤフオク!でできることは、ほかの出品者はたいてい行っているはずです。差を付けられないよう、最低限行うようにしましょう。

やるべきことはやる

ヤフオク！出品者は、**始めたばかりの出品者もベテランの出品者も、みんな横一線の状態**ということができます。だからこそ、「最低限、必ずやるべきこと」と「やれること」は、やっておかなくてはなりません。これからこの第4章では、商品詳細ページ作成のテクニックについて解説しますが、現在のヤフオク！には、やるべきことをやっていると同時に、「やってはいけないこと」や、「やらなくてもよいこと」までやっている出品が目に付きます。せっかくのプラスの効果を、自分の手でマイナスにしてしまう行為は、見ていて非常にもったいないと感じます。それらもまとめてこの章で解説していきますので、しっかり読み込んで、よりよい商品詳細ページを作ってください。

● やるべきこと、やれること

- 「ヤフオク！の客層を意識する」（→ Sec.042）
  ヤフオク！の客層の特徴をしっかりと押さえて、意識した出品を行いましょう。
- 「画像に手を抜かない」（→ Sec.043 〜 045）
  画像掲載枚数や画像のクオリティなど、最低限できることは行うようにしましょう。
- 「保証の付加や送料無料で出品する」（→ Sec.050、052）
  返品保証や送料無料など、落札者のメリットを考えて出品しましょう。

● やってはいけないこと、やらなくてよいこと

- 「入札制限はしない」（→ Sec.047）
  「ノークレーム・ノーリターン」「新規の人や神経質な方お断り」など、入札の制限は行わないようにしましょう。
- 「出品者の都合は記載しない」（→ Sec.048）
  連絡や入金の期限を指定するなど、出品者のエゴと思われかねない情報の記載はやめましょう。
- 「商品説明に不要の情報は記載しない」（→ Sec.049）
  出品に至る経緯や出品商品への思い、ブランドの成り立ちなどの情報はまったく不要です。

第4章 落札率アップ！商品詳細ページ作成のテクニック

Section 042

ヤフオク!ユーザーの特徴を意識しよう

★商品詳細ページ作成

インターネットショッピングをするユーザーは、Amazonや楽天市場、Yahoo!ショッピングなどサイトによってそれぞれ特徴が異なります。ヤフオク!ユーザーの特徴をしっかり押さえ、効果的に商品詳細ページを作成しましょう。

インターネットで買い物をするユーザーは2種類いる

　インターネットで商品を購入するユーザーは、大きく分けて2種類に分類できます。1つは、何となくネットサーフィンをしていて商品を購入する人、そしてもう1つは**すでに買いたいものがある程度決まっていて、ピンポイントで商品を探し、購入する人**です。たとえば、前者は楽天市場やYahoo!ショッピングに多く見られ、後者はヤフオク！やAmazonでその傾向が強いといわれています。これは、楽天市場とYahoo!ショッピングの商品ページは縦スクロールに長いページが多く、商品の基本情報のみならず、その商品の成り立ちや人気の理由などストーリー性がある背景情報も掲載されており、何となくダラダラと見るのに適しているのが理由と考えられます。これに対してヤフオク！やAmazonはそのような情報は掲載せずに、最低限の商品情報のみを掲載しているからなのかもしれません。

　つまり、本書で解説している**ヤフオク！は、探しているものがあり、「自分はこれがほしい」「あれを探している」という意思がはっきりしているユーザーが多い傾向**にあります。この特徴をしっかり押さえて商品詳細ページに反映させない手はありません。

▲ 楽天市場は何度もスクロールしないと購入ボタンに辿り着きません。

▲ ヤフオク!は、ひと目で何のどのような商品かがわかります。

そっと背中をひと押しする商品詳細ページを

　インターネットで商品を購入するユーザーは2種類に分類でき、そのうちヤフオク！は買いたいものがはっきりしているケースが多い、ということがわかりました。それを踏まえたうえで、出品する際にそれらの特徴を商品詳細ページの作成にどう生かすかが重要になります。

　ヤフオク！では、買いたいものがはっきりしているので、これでもかと商品説明を書くと敬遠される傾向があり、逆効果となってしまいます。それよりも「この商品はお探しのもので間違いありませんよ」「私から買うと安心ですよ」と、あとひと押しするくらいで OK です。購買意欲を盛り上げるよりも、**むしろその購買熱を冷めさせない**ことが重要です。これを意識すると商品説明の書き方が変わってきます。画像にしてもタイトルにしても商品説明、注意書きでも、すべてにおいてあくまで**シンプルに、わかりやすく、知りたい情報が簡潔にわかる**、これがヤフオク！に出品する際の基本となります。

●ヤフオク！ユーザーの特徴

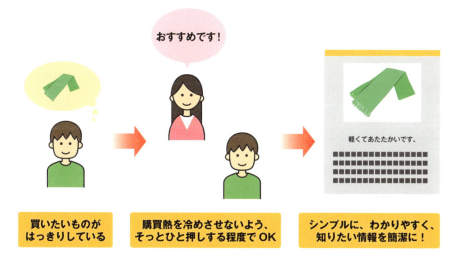

> **MEMO**　「余計なこと」に注意
>
> ヤフオク！の商品説明では、落札者の購入意欲を下げてしまう「余計こと」をしない、これがとても大事なことです。出品者のエゴを書くことで落札者の購入意欲を削いでしまい、落札されにくいページになっていることがあります。詳しくは Sec.047 ～ 049 で解説します。

第4章 落札率アップ！商品詳細ページ作成のテクニック

Section 043

★商品詳細ページ作成

ヤフオクで画像を4枚以上掲載するにはどうする？

ヤフオク!は一部のカテゴリを除き、商品画像の掲載は3枚までですが、中には4枚以上、多い人は10枚の画像を掲載している出品者がいます。いったいどのようにしているのでしょうか。

画像を結合して掲載する

　ヤフオク！では、基本的に画像は3枚までしか掲載できません。しかし、**複数の画像を合わせて1枚の画像にしてしまう**、つまり画像を結合することで、4枚以上の画像を載せることができます。4枚を1枚に結合すれば、合計で12枚もの画像を掲載できる計算になります。この方法は基本の3枚の中で、たくさんの画像を掲載するという方法です。画像の結合は、無料で利用できる画像加工ソフト「Easy ピクト」や「フォトコンバイン」、Sec.044 で紹介する「PhotoScape」などを活用しましょう。

Easy ピクト
URL http://www.noncky.net/software/easypict/

◀ 画像の結合や文字の入力がかんたんにできるヤフオク!ユーザー向けの画像加工ソフト。画像をドラッグするだけで結合できます。

フォトコンバイン
URL http://photocombine.net/

◀ 4枚までの画像を1枚に結合できるオンライン画像編集ツール。レイアウトや出力サイズ、文字入力も可能です。

画像を追加して掲載する

　画像の結合以外の方法として、画像を直接ページに掲載するという方法もあります。これは単純に**4〜10枚目の画像を、商品詳細ページに追加してアップする**方法です（商品詳細ページの作成段階でHTMLを選択している必要があります）。

　もっともかんたんな方法は、専用のツールを利用します。HTMLの知識のない出品者や、いちいち入力するのが面倒、といった出品者にはたいへん便利です。たとえば無料で利用できる「フォトアップ」は、面倒な会員登録をすることなく、Webページ上で画像のアップロードやコメントの入力などを行うと、HTMLコードが生成されます。それをコピーしてヤフオク！にペーストするだけです。

　また、オークファンの「出品テンプレートフォトプラス」では、画像を30枚まで追加することができ、サーバーには180日間保存されます。ただしこちらを利用するにはオークファンのプレミアム会員（月額515円）になってから申し込む必要があります。さらに月額515円が必要となります。

フォトアップ
URL　http://photo-up.jp/

◀ アップロードした画像は15日間、フォトアップのサーバーに保存されます。

出品テンプレートフォトプラス
URL　http://aucfan.com/navi/premium/photo_plus.html

◀ レタッチ機能や画像クレジット機能など、有料ならではの付加機能も豊富です。

MEMO　画像追加ツールの弱点

これらのツールの弱点は、アップロードした画像に表示期限があることです。長くて180日程度です。また、画像が表示されなくなって「×」となっている不完全なページは信頼感を損ねます。この問題を解決するためには、「Yahoo! ジオシティーズ」など画像をインターネット上にアップロードできるサービスを利用し、自分でHTMLコードを作成する方法があります（Sec.061参照）。

第4章 落札率アップ！商品詳細ページ作成のテクニック

Section 044

画像を見栄えよく加工しよう

★商品詳細ページ作成

出品時に画像の掲載は必須ですが、どんな画像でもOKということはありません。やはり見栄えのよい画像がよいのですが、一発できれいに撮影するのはなかなか困難です。そこで、「画像の加工」が必要となります。

無料の画像加工ソフト「PhotoScape」

　無料で利用できる「PhotoScape」（http://www.photoscape.org/ps/main/index.php）は、トリミングや明るさ調整、モザイク処理など一般的な画像加工のほかに、結合やGIFアニメ作成などさまざまな加工に対応しています。

　注意する点は、直接画像を編集するので加工作業中は保存できないということです。途中で保存すると、その時点のものが完成版になります。その場合、過去の修正履歴は残りません。ただ、画像を保存すると「Originals」というフォルダに元画像も保存されるので、万一失敗してもやり直すことはできるようになっています。

◆PhotoScapeで商品画像を加工する

　それでは、実際に「PhotoScape」の使い方を解説します。

❶「PhotoScape」を起動し、＜画像編集＞をクリックして編集画面を表示します。画像を画面にドロップすると編集できるようになります。

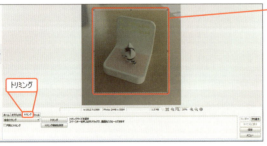

❷背景に余計なもの（マウスなど）が映り込んでいるので、トリミング（切り抜き）をします。＜トリミング＞タブをクリックし、ドラッグで切り抜く範囲を指定します。

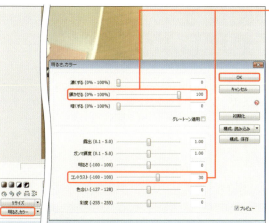

❸画像全体が暗いので明るく見やすい画像にします。＜明るさ,カラー＞タブをクリックし、カラー加工のボックスを表示させます。今回使ったのは「輝かせる」と「コントラスト」です。よほど変な条件で撮影しない限り、たいていはこの2つできれいに加工できます。バーを動かして明るくて見やすいくっきりとした画像に加工しましょう。明るさ調整が終わったら、＜OK＞をクリックします。

❹ヤフオク!に掲載できる画像の最大のサイズは、縦か横のいずれかが600ピクセルまでです。このままでは画像が大きすぎるためリサイズをします。＜リサイズ＞タブを選択し、数値を入力します。長いほうの数値を600にすると、もう片方も比率で自動的にサイズ調整されます。サイズを変更したら＜OK＞→＜保存＞をクリックし完成です。

◀ 加工前と加工後の画像を比較すると、見栄えが大きく変わっているのがよくわかります。

第4章 落札率アップ！商品詳細ページ作成のテクニック

大量の画像を一括で処理しよう

画像の加工を1枚1枚行っていませんか？ 数枚であればそれでも問題ないかもしれませんが、枚数が多くなると話は別です。ここでは、たくさんの画像を効率よく加工する方法を解説します。

★商品詳細ページ作成

画像加工は大変だけどたくさん必要

　ヤフオク！で10商品を出品し、画像をそれぞれ10枚掲載すると、全部で100枚が必要になります。その1枚ずつを個別に加工していては、とても時間が足りません。1枚2分でも200分で、3時間以上もの時間を画像加工だけに費やすこととなります。それならば「画像の掲載枚数を減らせばよいのでは」と考えてしまいますが、画像の掲載枚数が少ないと落札率や落札価格に影響することがありますので、やはりできるだけたくさん掲載したいところです。

　そこで**画像を一括処理**するという方法があります。画像の一括処理は、Sec.044で使った無料の画像加工ソフト「**PhotoScape**」で行うことができます。「PhotoScape」では明るさやリサイズだけではなく、デザインのための余白や画像の角に丸みを持たせたりなども、一括で処理ができます。

◆「PhotoScape」で画像を一括処理する

　それでは、実際に「PhotoScape」で一括処理を行う手順を解説します。

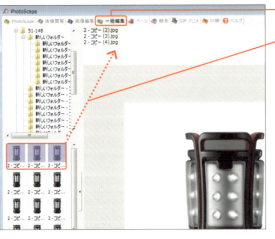

❶「PhotoScape」を開き、＜一括編集＞をクリックします。

❷加工したい画像を選択し、すべてドラッグします。

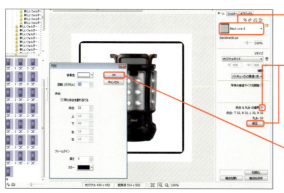

❸今回は例として、画像に黒い枠を付けて角に丸みを付ける処理を行います。右のメニューから枠を選択します(ここでは< Black Line 8 >)。

❹「余白&丸みの適用」にチェックを入れ、<修正>をクリックします。

❺表示される「円形」画面で、数値を入力して調整し、< OK >をクリックします。

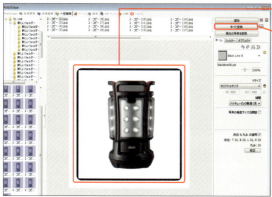

❻サンプルで加工処理されるプレビューが表示されるので確認します。

❼<すべて変換>をクリックすると、選択した画像すべてに同じ加工が施されます。

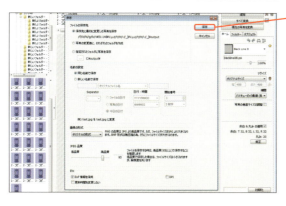

❽「保存」画面が表示されるので、編集加工した画像を保存する場所や、画像の名前、ファイル形式などを設定して、<保存>をクリックします。

◆MEMO◆ 一括加工をする際の注意

指定した画像は、すべて同じ加工処理が一括して施されます。明るさの違うところで撮影した画像を一括して処理すると、明るすぎたり暗すぎたりすることがあります。そうならないためには同じ場所と条件で撮影する必要があります。その点については、Sec.056 で解説します。

第4章 落札率アップ！商品詳細ページ作成のテクニック

サイズの表記のしかたと基準を理解しよう

★商品詳細ページ作成

インターネットで購入しにくいものの1つに、ファッション関連の商品があります。その理由は買ってはみたもののサイズが合うか心配なためです。安心して落札してもらえるよう、正しい表記を記載しましょう。

サイズはわかりやすく詳細に記載する

ヤフオク！では、落札者都合の返品・交換を受け付けていない出品者が多くいます。落札者としては、返品できない商品はできる限り買いたくありません。そこで、ファッション関連の商品を出品する際には、**サイズはわかりやすく、詳細に記載する必要があります**。たとえば、シャツで「袖丈○cm」と記載しても、どこからどこまでを袖丈として採寸したのかがわからないので、どこからどこまでを測ったのかを明示するようにしましょう。これだけでも、落札者の不安を解消することができます。

◆ アパレルのサイズ表記

基本的な「身長○○cm～○○cm、胸囲○○cm、サイズ○」など、メーカーから提示されているものは必ず記載しましょう。また、サイズを測るときには、床や机の上など平らなところで生地を自然に広げた状態にし、無理に引き伸ばしたり、曲がっていないかを確認したうえで測るようにしてください。

● トップス（ジャケット、カットソー、ブラウスなど）

● パンツ

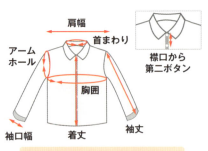

肩幅：左右の袖付部分の間の長さ
身丈：左右の生地の脇の下間の長さ
着丈：肩位置の一番上から裾までの長さ
袖丈：肩の袖付から袖先までの長さ

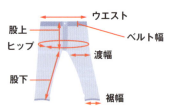

ウエスト：ウエストの内側を測り2倍した数値
ヒップ：ウエスト部分から垂直に20cmおろした位置で左右に直線で測って2倍した数値
股上：ウエスト前中央から内モモの付け根までを直線で測った長さ
股下：内モモの付け根部分からすそ口までを直線で測った長さ
裾幅：平らに置きすその左右の長さ

◆ シューズのサイズ表記

　シューズのサイズは日本やアメリカ、ヨーロッパでサイズが異なります。それぞれのサイズが対比されている表があるとよいでしょう。

● ブーツ

履き口：履き口の内径の長さ
筒丈：履き口の先端からヒールの付け根までの長さ
足幅：足の高部分を直線で測った長さ
ヒール：地面からかかとの接合部まで
足首周り：足首の外径

● シューズ

全長：つま先の先端から、かかとの端までの長さ
足幅：裏側でもっとも広い部分を真横に直線で測った長さ

◆ バッグ・帽子のサイズ表記

　バッグで計測する基本的な場所は、縦・横・奥行きです。測りにくい場合は、中に詰めものを入れると測りやすくなります。

● バッグ

縦幅：自然に置いたときの口から底辺の長さ
横幅：自然に置いたときの底辺の長さ（底あり）
　　　バッグの最大横幅（底なし）
奥行：自然な状態で置いたときの底辺の長さ
　　　（底あり）
　　　バッグの最大横幅（底なし）

● 帽子類

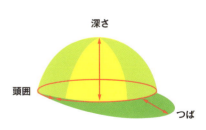

頭囲、深さ、つばの3ヶ所を採寸

第4章 落札率アップ！商品詳細ページ作成のテクニック

商品説明文にいらないことは省こう
①入札の制限

★商品詳細ページ作成

出品商品に入札が入ったり、落札されるのはうれしいですが、中には困った入札や落札をするユーザーがいます。その防止に注意書きを記載する出品者は多くいますが、それらは入札・落札率を下げる原因にもなります。

よく見る3つの入札制限

　ある特定の客層に入札、落札を制限する文言を商品詳細ページに盛り込む出品者が多くいますが、これは無意味なだけでなく、**落札者に無駄に不安な気持ちを抱かせる原因**にもなっています。ここではよく見る代表的な3つの文言について解説します。

◆「ノークレームノーリターン」

　「ノークレームノーリターン」「NCNR（No Claim No Return）」「3N（ノークレーム・ノーリターン・ノーキャンセルの意味）」。この文言が入っている商品説明文をよく目にしますが、これは無意味です。なぜなら「ノークレームノーリターン」を書こうが書くまいが、クレームを付ける人は付けますし、キャンセル、返品する人はします。これらの文言を書くことで「キャンセルを受け付けない冷たい（または一般的な）出品者」に見られます。そのように見られるのであれば、反対に**返品OKくらいにしていたほうが安心され**、ほかの出品者との差別化にもつながります。実際、返品OKにしても本当に返品してくる人は、実はほとんどいません。かえって安心感が増してリピーターが増え、売上が拡大する可能性もあるのです。

●ノークレームノーリターン

◆「神経質な方はご遠慮ください」

これを書いてしまうのは、落札後に商品が届いてから細かいことをいってくる落札者がいるためだと推測できます。しかし、これもまったく無駄な文面で、本当に神経質な人は自分を神経質だとは思っていません。この文面があってもなくても、そのような人からは入札されるときはされるのです。反対に、こういう文面があると「落札後に問い合わせをしても対応してくれないのでは？」と、落札者に不安を与え敬遠されてしまいます。

●神経質な方はご遠慮ください

汚れてる！

神経質な人は自分を神経質とは思っていないので無駄

落札者に不安を与えるので書かないほうがよい

◆「新規ユーザー、初心者はお断り」

新規ユーザーは手順などの理解が乏しいケースが多く、また、基本的なルールがわかっていないので落札後にキャンセルや返品などを申し出てくるケースもあります。そうされると対応が面倒なことがあるため、このような一文を入れているのでしょう。

しかし、これも無駄で、もったいないことをしています。**新規ユーザーは反対に丁寧に対応してあげる**ことで、とてもよいお得意さんになる可能性を秘めています。少なくともヤフオク！で比較や交渉に慣れている熟練されたユーザーよりも、です。少しの努力で大きな成果を得るはずの新規ユーザーを断ることは損しか残らないでしょう。

●新規ユーザーお断り

新規ユーザー

新規ユーザーだからといって断らない！

お得意さん

丁寧に対応することでお得意さんになる可能性を秘めている

◀ これらのNGワードがフルコースの商品詳細ページをよく見かけます。

第4章 落札率アップ！商品詳細ページ作成のテクニック

Section 048

★商品詳細ページ作成

商品説明文にいらないことは省こう ②出品者のエゴ

出品者の中には、入札後のトラブルを避けるための文面を載せていることがあります。しかし、明らかに出品者のエゴと思われるマイルールを載せるのはおすすめしません。

◆ 出品者の都合は商品説明文に入れない

　商品詳細ページに出品者の自己都合を前面に出している文面を見ると、ゲンナリしてしまいます。それぞれ事情はあるのでしょうが、**落札者にとっては、まったく無関係の話**だったりします。ここでは、そのような悪い例を3つ紹介します。

◆ 「○時間以内に連絡、○日以内に入金」

　落札後にいつまで経っても入金しない落札者は実際にいます。そのような落札者には正直なところヤキモキしてしまいますが、それぞれに事情があるので、こういった文面は出品者のエゴとしか思えません。たとえばスーパーやコンビニへ買い物に行った際に「店内は10分で商品を選び、15分以内に支払いを済ませてください」と告知されていたら、どうでしょうか。おそらく2度と行かないでしょう。それはインターネットでも同じことです。いくらヤフオク！とはいえ、そのように出品者の都合で連絡や入金に時間制限を設けると、「融通の利かない厳しい出品者なんだろうな」と見られて落札者からは敬遠されます。そのような一文は、まったく不要です。

◀「万一なにかあったら非常に悪い評価を付けられてしまう……」、と大きな心理的負担にもなります。

◆「○○からの委託出品」

この一文を見ただけで、何やら怪しい気がしてきます。「本当に委託品なのか」「もしかしたら盗品なのでは」「落札後に何かあっても友人に聞かないとわからないなどといって結局、対応してくれないのではないか」など、不安なことばかりが頭をよぎってしまいます。**このような一文は出品者の責任逃れにしか映りません**。仮にもし、本当に友人からの委託であった場合でも、そのことについては書く必要はありません。問い合わせがあれば、友人に確認すればよいだけです。

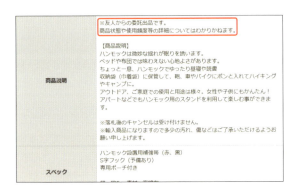

◀「友人からの委託出品」とあるだけで、不安が頭をよぎります。

◆「詳しくは写真を参照」

これも責任逃れの文言で、きちんと商品について説明するという出品者としてやるべきことを放棄しています。これも「出品者からは何かあっても対応してくれないのではないか」と落札者に思われてしまいます。ユーザーは画像を見て、わからないことを問い合わせます。それを補足するのが商品説明ですが、「写真を見てください」で終わらせようと楽をしたい姿勢が見て取れます。当然落札者から敬遠されてしまうので、このような文面は不要です。出品商品には誠意をもって対応しましょう。

◀ 送られてきた商品に不満があっても「写真の通りです」と受け付けてもらえないのでは、と不安になります。

第4章 落札率アップ！商品詳細ページ作成のテクニック

Section 049

★商品詳細ページ作成

商品説明文にいらないことは省こう ③余計な情報

出品した商品を落札してほしいために、いろいろな情報を書くのは悪いことではありません。しかし、余計な情報を書いてしまうと、かえって落札されなくなってしまうことがあります。

・不要な情報を商品説明文に入れない

　Sec.048と同様に、よかれと思い商品説明文に書いたことよって、かえって逆効果となってしまう一文があります。どれもヤフオク！ではけっこう書かれていることばかりですので、何がいけないか、なぜいけないかをここでしっかり確認しましょう。

◆出品の経緯

　商品を出品することになった経緯を書く人がいます。盗品など怪しい商品ではないですよ、ということのアピールのつもりだと思いますが、これは逆効果のことが多いです。具体的には、「フリマで買いました」「ヤフオク！で買いました」「倉庫に眠っていて大掃除で出てきました」「買ったけど合わないので出品します」などが、こちらに該当します。これらの一文を見ると、

- ヤフオク！やフリマで中古で買ったものをさらに出品する→程度が悪そう
- 倉庫に眠っていた→劣化してそう
- 合わないから出品する→自分にも合わない？

　など、**いずれもネガティブな印象**になります。商品の中古度合いを説明するために「半年ほど使用しました」などは必要な情報ですが、その商品をどこから買ってきたのか、なぜ出品をするのかを言う必要はまったくありません。このような一文を入れることによって、ただただ、落札者にマイナスのイメージを与えるだけになってしまいます。出品商品の出所を全部開示する必要はありません。

◀「サイズが合わず泣く泣くの出品です」といったような情報は不要なので、商品説明文に入れないようにしましょう。

◆ タバコの箱との比較

　何かサイズ感がわかるものと比較するのはとてもよいことですが、比較対象がタバコの箱というのはいけません。大きさ的に比較しやすいものではありますが、**タバコのにおいを嫌がる人はたくさんいます**。とくにタバコを吸っていない人、小さな子どもがいる人は、間違いなく落札してくれないでしょう。タバコはにおいのほかに色が付いてしまうことがありますので、自分が喫煙者であったとしても、タバコの箱との比較はするべきではありません。もちろん、喫煙者で出品する場合は、商品ににおいや色が付いていないかの確認は必須です。

▲ タバコの箱と商品が並んでいるだけで、多くの落札者は引いてしまいます。

◆ 商品への思いやブランドの成り立ちなど

　そのブランドがよほど好きなのか、そのブランドがいかに素晴らしいかをみんなに知ってもらいたいのか、出品商品のブランドの成り立ちや、出品者がその商品に込めた思いを書き連ねている出品物があります。これは落札者にとってはまったくいらない情報です。ほしいのは商品の程度（新品なのか中古なのか）や傷の程度、送料、付属品などの直接的に商品に関わる情報です。**余計な情報があると商品説明が読みにくくなります**。商品の説明は簡潔にわかりやすく書くことが基本です。

▲ 商品の魅力を伝えようと長文で書き連ねても、これでは見づらくかえって逆効果です。

> **MEMO　伝えたいことは簡潔にわかりやすく**
>
> あるテストでは、ヤフオク！では、ユーザーは価格の次に見ているのは送料だったという結果が出ています。そのあとに商品の状態を見て、最後に説明文を見るそうです。つまり落札者の見ているところは、「よいものが総額いくらで買えるのか」ということがメインです。ヤフオク！を続けていると、商品説明文を読んでいない落札者にたくさん出会います。たとえば付属品なしを明記しても、商品到着前後に「付属品が足らない」と連絡してきたり、支払い総額に間違いがないように出品者の連絡を待ってから支払うように明記しても、勝手に計算して振り込んできたりします。簡潔に書いてもこういうことが起きますので、たくさん書けば書くほど大事なことを読まなくなり、それはのちのトラブルにつながります。伝えたい情報と必要とされている情報には差があるということを理解しておいてください。

第4章 落札率アップ！商品詳細ページ作成のテクニック

Section 050 商品に保証を付けよう

★商品詳細ページ作成

基本的にヤフオク!では返品ができません。そのため、落札するほうも慎重になります。しかし反対に、**返品保証を付けて気軽に入札できるように**すれば、ライバルとの差別化につながり、落札率も上がるでしょう。

・商品状態の保証を付ける

新品の場合は**初期不良**に限り返品を受け付け、中古品では**説明と食い違いある場合**であれば返品を受け付けましょう。あとあと落札者とトラブルにならないよう返品の理由や日数、方法、タイミングなどのルールは事前に作成しておきましょう。

◆商品説明に記載する例文

● 新品の場合

- 初期不良等の場合は、商品の到着日を含めて5日以内にご連絡を頂ければ返品・返金を承ります。
- 万が一初期不良の場合は、外箱・付属品を含めて商品到着時の状態で「着払い」にてご返品ください。念のため梱包や付属品は保管頂くことをおすすめします。ご返品を頂き状態を確認後、ご返金させて頂きます。
- 大変申し訳ありませんが、商品到着後6日目以降、または落下やお客様の過失による破損等につきましては返品の対象とさせて頂いておりません。

● 中古品の場合

- 商品の到着日を含めて必ず5日以内に商品をご確認ください。万が一商品説明と異なる重大な欠陥や破損があった場合は商品の到着日を含めて5日以内にご連絡を頂ければ返品・返金を承ります（中古品のため微細な傷や汚れについてはご容赦ください）。
- 返品の際は外箱・付属品を含めて商品到着時の状態で「着払い」にてお送りください。念のため梱包や付属品は保管頂くことをおすすめします。ご返品を頂き状態を確認後、ご返金させて頂きます。
- 大変申し訳ありませんが、商品到着後6日目以降、または落下などやお客様の過失による破損等につきましては返品の対象とさせて頂いておりません。

無条件で返品を受ける

　インテリア関連、洋服、靴、置物などのオブジェ、絵、壁掛け時計などは、商品の特性上、飾ったり置いたり合わせてみたりしないと落札すべきかどうかわからない場合があります。その不安を取り除く方法として、無条件で返品を受け付けるというやり方があります。落札率を上げるための方法です。ただし無条件とはいえ商品の不良と違い、落札者都合の返品なので、返送分の送料や落札システム手数料を落札者に負担してもらって問題ありません。ショッピングサイトでは**返送分の送料負担はよくありますが、システム手数料を求められることはまずありません**。しかし、もともと返品できないルールのヤフオク！で、無条件に返品を受けるわけですから、その分は請求してもよいでしょう。返金分から相殺して計算します。

● 商品説明に記載する例文

商品の到着日を含めて必ず5日以内に商品をご確認ください。実際にご覧になり万が一お気に召さない場合は、商品の到着日を含めて5日以内にご連絡を頂ければ返品・返金を承ります。返品の際は外箱・付属品を含めて商品到着時の状態でお送りください。念のため梱包や付属品は保管頂くことをおすすめします。返品を頂き状態を確認後、ご返金させて頂きます。

※ご返品にあたり以下の費用をご負担ください。
・返送時の送料
・落札システム手数料（8.64%）

大変申し訳ありませんが、商品到着後6日目以降、または落下などやお客様の過失による破損等につきましては返品の対象とさせて頂いておりません。

MEMO　保証は無償とは限らない

家電や時計など電気製品や精密機器の新品商品の場合であれば、「●日以内の初期不良」、事前に動作確認している中古品の場合であれば「●日以内に動作しないもの」について返品、または無償・有償で修理対応をする保証を付けるとよいでしょう。修理は無償で行えるものだけではなく、有償で引き受ける場合であっても、立派な保証といえます。販売した商品についてしっかりと責任をもつことが、「保証」です。修理はどこまでが無償でどこからが有償かは、事前にメーカーへ確認します。商品を送ったら終わりではなく、アフターフォローまですることを商品説明に明記し、ライバルとの差別化を図っていきましょう。

第4章 落札率アップ！商品詳細ページ作成のテクニック

明記したほうがよいことを押さえよう

★商品詳細ページ作成

ここまでは商品説明文に書いてはいけない文言や内容について解説してきましたが、ここからは商品説明文に書くべきこと、書いたほうがよいものについて解説します。

必ず入れるべきことを押さえる

出品の際に、商品説明文などに必ず入れるべきという要素があります。こうしたことをしっかりと盛り込むことで、入札率も変わりますので押さえておきましょう。

◆送料をしっかり明記する

ヤフオク！で落札した場合、落札者が出品者に支払う金額は落札価格と送料の2つです（ヤフオク！ストアを除く）。この2つを合わせた金額が、実際に落札者が出してもよいと思う金額になります。落札価格は表示されてるので問題ないですが、もし送料が明記されていない場合は、**同じ商品であれば送料がわかっている商品に入札する**でしょう。送料は運送会社の多くは3辺の合計の長さと距離で決まっているので（Sec.026参照）、確認することは容易です。せっかくよい商品でも、送料が明記されていないことで落札者を不安にさせてしまいます。**送料は必ず調べて、明記する**ようにしましょう。

宅配便料金表(税込)		
以下の配送サービスから、ご希望のサービスをお知らせ下さい。		
地域	都道府県	はこBOON
都内	東京都	494円
北海道	北海道	906円
北東北	青森県, 岩手県, 秋田県	597円
南東北	宮城県, 山形県, 福島県	597円
関東	神奈川県, 埼玉県, 千葉県, 茨城県, 栃木県, 群馬県, 山梨県	597円
信越	新潟県, 長野県	597円
中部	愛知県, 岐阜県, 静岡県, 三重県	597円
北陸	富山県, 石川県, 福井県	597円
関西	大阪府, 兵庫県, 京都府, 滋賀県, 奈良県, 和歌山県	701円

◀ 宅配便会社のホームページなどを参考に、送料を明記しましょう。

◆ **中古品のランクを細かく明記する**

　新品の場合は、商品の状態が一定なので必要ありませんが、中古品の場合はその劣化の度合いがどれくらいかを伝えなければなりません。「そこそこ使いました」「けっこう汚れがあります」という表現では、あいまいで程度がよくわかりません。また、出品者が独自にAやB、Cといったランクを設定しているのを目にしますが、これもどのくらいのものがAなのかがわからず、結果的に想像と認識違いで落札者に満足してもらえずに、低評価をもらってしまうこともあります。このような事態を避けるために、出品者と落札者で共通認識を持てるようにする工夫が必要です。具体的には**商品状態のランクを作成**し、それぞれのランクがどのような状態かということを詳しく明記してそれを商品説明の中に組み込むことです。これで中古品の程度の認識を共有できるようになります。なお、ランクの書き方についてはP.136で解説します。

▲ 詳細に明記することが大切です。

◆ **タバコを吸っていない、ペットを飼っていないことを明記する**

　タバコについては、Sec.049で解説しました。においや着色を嫌がる人は大勢いるので、落札者はそのような心配のない商品を手に入れたいと考えています。ですので、吸っている証拠となるタバコの箱は不要ですが、反対に**「吸っていない」事実はアピールポイント**になります。また、ペットについても同様ににおいがダメな人、そのほかにもアレルギーだという人もいます。また、ペットの場合は抜け毛にも気を付けなくてはなりません。落札した商品にペットの毛が付いていたら、とても不愉快な思いをさせてしまいます。こちらも同様にペットを飼っていないことは、においや毛の心配がないということなのでアピールするポイントになります。

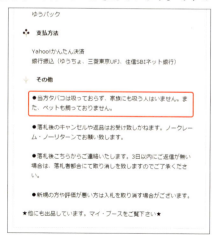

▲ さらりと書くのがポイントです。

第4章 落札率アップ！商品詳細ページ作成のテクニック

Section 052

★商品詳細ページ作成

商品によっては送料を無料にしよう

「送料無料」はかんたんにできる販売促進方法の1つです。落札者は落札額と送料を合わせた総額で検討するので、メリットが伝わりやすくなります。

送料込みで出品する

　基本的に送料は落札者の負担ですが、送料込みの価格で出品する方法があります。もし、**開始価格が送料込みで過去の落札結果と同じくらいの価格**であれば、確実に割安になります。

　単純に過去の落札価格に送料を上乗せした価格で出品する場合は、利用している運送会社の送料をもとにして、各地方の送料を平均した価格を上乗せするか、もっと割安感を出したい場合は、一番安い価格の送料を含めた開始価格に設定して出品します。これだと遠方になればなるほど割安感がでます。商品の単価や利益額によって使い分けましょう。

◆ 送料無料で出品した場合の出品者メリット

　送料無料の設定をすると、検索一覧では価格の下、商品詳細ページでは商品タイトルの右に**「送料無料」のアイコンが表示され**、ひと目で送料無料とわかります。さらに、検索結果画面で検索の絞り込みに条件に「送料無料」がありますので、かんたんに絞り込んでもらうこともできます。また、624円以下の落札であれば、特定のカテゴリを除き、システム手数料が落札価格の8.64％（税込）で済みますので、送料を落札者負担にした場合の54円と比較してわずかですが割安になるのもポイントです。

◀ 商品ページの商品名の部分に、「送料無料」のアイコンが表示されます。

一定の価格以上は送料無料で出品する

「合計●円以上をお買上いただくと送料は無料」というのは、ネットショップでよく見かける設定です。ヤフオク！ではこのような設定はシステム上行えないので、自分で落札金額や落札者の確認をして行いましょう。

◆「●円以上送料無料」戦略の3つの目的

目的の1つ目は、ライバルとの差別化です。もし、複数の出品者で迷っていた場合、やはり送料無料の出品者が選ばれやすくなります。2つ目は、より単価の高い商品を買ってもらうこと（その価格まで入札してもらうこと）です。安いほうの商品で送料がかかるなら、送料が無料になる商品のほうを選ぶことがあります。「送料無料」という単語は割安感を与えてくれます。具体例としては、オークション形式で出品し、即決価格を設定して、即決価格で落札されたら送料無料する、といった方法です。3つ目は、合わせ買いの促進です。今の買いたい商品があと少しで送料無料になりそうな価格であれば、もうちょっとだけ買って送料を無料にしたいという心理が働きます。この場合は、自分のほかの出品商品を知らせるリンクが必要です。また、商品説明に「●円以上で送料無料」などを入れるのも落札のあと押しになります。もし文字数が余っていれば、商品タイトルにも入れましょう。

▲ 商品タイトルに入れてもわかりやすいです。

◆アイコン表示は誤解を生むので避ける

出品者の中には●円以上で送料無料としている場合にも、出品時の送料負担を出品者に設定して送料無料のアイコンを表示させている場合があります。この場合、条件付きの送料無料ですので、たとえば5,000円以上で送料無料とした場合、4,000円で落札されたら送料が発生することになります。しかし、アイコンで送料無料とあったり、商品説明の送料負担が出品者と表示されるので、誤解を生じさせます。アピールしたい気持ちはわかりますが、あとあとのトラブルのもとになりますので、確実に送料無料にする場合以外はこういった設定は避けましょう。

> **◆MEMO◆ 送料無料の注意点**
>
> 離島や沖縄に発送する場合は、送料が非常に高額になる場合があります。送料無料にするときは、「離島や沖縄を除きます」と説明文に書き加えることを忘れないようにしてください。

第4章 落札率アップ！商品詳細ページ作成のテクニック

Section 053

利益を上げるために出品方法を工夫しよう

★商品詳細ページ作成

出品者の中には開始価格を1円にしている人がいます。たくさんの入札が入っていることが多いのですが、だからといって何でも1円で出品すればよいということではありません。

商品の傾向による出品方法

◆みんながほしがる商品は1円で出品する

　ヤフオク！では、「1円出品」と呼ばれる出品方法があります。数千円、数万円はする商品であるにもかかわらず、出品価格が1円からスタートしているというものです。それらの商品は多数の入札が入り、高額で落札されています。

　1円出品は、出品テクニックを誤ると最悪の場合、1円で落札されてしまいます。もちろん、その場合も取引をしなければなりません。ですので、何でも1円で出品すればよいのではなく、1円出品に適した商品、適さない商品をしっかりと把握しておく必要があります。では、どのような商品が適しているのかというと、**「みんながほしがる人気商品」**です。たとえば、ブランドもののバッグの定番モデルや、人気の腕時計など、万人受けする商品です。入札した人は、安価な価格で見つけた商品を落札したいがために、高値になっても入札を続けてくれます。**ライバルに勝ちたいという心理**も働きます。また、入札数が増えることで、出品商品に注目が集まり、さらに入札者が増えるというメリットもあります。

● 1円出品に向いている商品

人気の腕時計

ブランドものの
定番モデル

人気のゴルフクラブ

人気の中古カメラ

人気のノートパソコン

▲ 入札が見込めそうな人気商品であれば、1円出品もあります。

人気ブランドでも商品によっては人気のないものもあり、そういった商品は1円出品に適しませんので注意しましょう。下記は低価格でスタートし、失敗した例です。

● スナップオン95周年マグカップ

◀ 工具ブランドということ自体が少々マニアックですが、さらに95周年の限定品となるとさらにほしい人は限られます。低価格出品をすることで、ほかに比べて20%以上も安く落札されてしまっています。

● コールマンシーズンズランタン2008

◀ コールマンが毎年リリースする限定ランタンです。限定数も限られていることからコレクター要素が強い商品です。定価以上でも買いたい人がいる中での低価格でスタートをしても競り合う人数が少ないため、価格が上がりにくい結果になります。

◆一部の少数の人がほしがる商品は高額で出品する

少数の一部マニアがほしがる商品は、相場通り、またはそれ以上の価格で出品するべきです。なぜならレアものなど希少なマニアがほしがる商品は、**見つけた人がそのタイミングで買うようなケースが圧倒的に多い**ためです。しっかり納得できる（利益が出る）価格で出品して、ほしい人との出会いがくるのをじっと待つことが大事です。こういった商品は我慢が必要ですが、落札者にとってはどうしてもほしい商品であることも多いので、高額で落札されることも珍しくありません。

	<イメージ>	<例>	
みんながほしい商品	・今が旬な商品 ・人気のある商品	・最新のゴルフクラブ ・海外電化製品 ・有名ブランドの限定品	➡ 1円や低価格でもOK
一部の少数の人がほしい商品	・コレクター向けの商品 ・マニア向けの商品	・アンティーク商品 ・レアもの ・マイナーブランドの限定品	➡ 落札相場価格

第4章 落札率アップ！商品詳細ページ作成のテクニック

Section 054 出品テンプレートを利用しよう

★商品詳細ページ作成

商品詳細ページでHTMLタグを利用すると、きれいな枠や色で装飾することができ、見栄えがよくなり見やすくなります。出品テンプレートを利用すると、かんたんにHTMLタグを利用した商品説明文の作成が可能です。

出品テンプレートで商品説明を見やすくする

　商品説明が読みやすいと、落札者もしっかり内容が把握できるので納得して買うことができ、取引後のトラブルも少なくなります。読みやすい商品説明ページは、下記のような「**出品テンプレート**」を使うことで、誰でもかんたんに作ることができます。出品テンプレート作成サイトでフォームに従い項目を入力すると、HTMLタグが生成されます。生成されたタグをコピーし、出品情報の入力画面の「説明」の「HTMタグ入力」の入力フォームに貼り付けると、見やすくきれいな商品説明が作成されます。

　ただし、筆者の考えとしては、**画像を使った派手な装飾はないほうがよい**でしょう。なぜなら、HTMLタグで追加できる画像は上限があります（Sec.044参照）。その枚数に装飾に使った画像もカウントされてしまうので、商品を見せるために使える画像の数が減ってしまいます。単純で読みやすく見やすいものであれば、それがベストです。目的はきれいに見せるためではなく、わかりやすく伝えることです。

「オークファン
出品テンプレート」
URL　http://aucfan.com/auctemp/

◀ 会員登録は不要で、無料で利用できます。マイブースの設定もかんたんです（Sec.088参照）。

「@即売くん Web」
URL　http://www.noncky.net/sys/soku/form.php

◀ 商品説明やリスト、送料、支払い、マイブースなどをすっきりと表示させられます。

●@即売くん Web を利用する

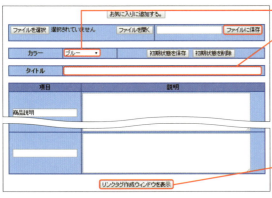

❶カラーをプルダウンで選択します。

❷次にタイトル、商品説明や注意事項を記入します。ほかに書きたいことがあれば自由項目があるので追加します。各項目も変更できるので、たとえば上から商品説明、スペック説明、取引についてのお願い、注意事項のように分けることできます。

◀ ＜ファイルに保存＞では、作成したテンプレートを保存できるしくみです。作成したファイルは次回から＜ファイルを開く＞から呼び出し、利用できます。

❸画面下の＜リンクタグ作成ウィンドウを表示＞をクリックします。

❹商品説明内にリンクを入れるためのHTMLタグが作成できます。たとえば、メーカーの公式商品ページにリンクしたり、Yahoo!ボックスに画像を保存してリンクさせる場合などです。作成できるのはテキスト（文字）リンクのみです。

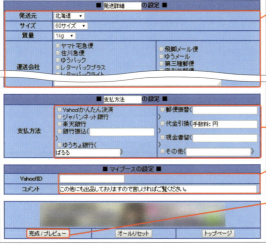

❺発送元やサイズ、重量はプルダウンで選択し、使う運送会社にチェックを入れましょう（直接運送会社に持ち込む場合は「持込割引」にチェックをします）。チェックを入れた発送方法の料金が商品説明に組み込まれます。また、簡易書留などの郵便のオプションにも対応しています。それ以外に書きたいことがあれば自由テキストに記入します。

❻支払い方法で対応しているものにチェックを入れます。

❼マイブースのリンクを付けたい場合は自分のYahoo!IDとコメントを入力します。

❽入力が終わったら＜完成／プレビュー＞をクリックします。

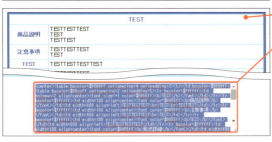

❾プレビュー画面が表示されます。

❿内容に間違いがなければ、完成テキストにあるHTMLのコードをコピーして、ヤフオク!の商品説明文に貼り付ければOKです。

第4章 落札率アップ！商品詳細ページ作成のテクニック

ランク分けをして商品状態について細かい情報を伝える

　出品者独自の「商品ランク」は、一見すると、基準があってわかりやすいように思えますが、あくまで個人の主観で設定しているので、どの程度のものなのかはっきりしない場合も多く見受けられます。また、ランクの分け方がとてもアバウトで判断に困ることも少なくありません。落札者はできるだけ細かい情報が知りたいと思っています。せっかく落札者に商品のことをよく知ってもらうために設定していても、伝わらなければ意味がありません。とはいっても、「どうランク分けしたらよいのか」「どう伝えればよいのか」というところに不安や面倒さを感じるかもしれません。そこで、ランク分けの参考例を下記に用意しましたので、参考にしてください。そのままコピーして使っても構いません。ぜひ活用してください。その分の手間が省ければ幸いです。ただし、これも個人の主観的なもので、やはり落札者と認識にズレが出ることはあります。念のため注意書きも添えておきましょう。

◆ ランク分けの参考例

『ランク』について
S：【新品レベル】　使用の形跡がまったくない未使用品
AA：【新品同様レベル】　使用感が極めて少なく、新品並みの商品
A：【美品レベル】　使用感が少々あるが、ダメージがあまり目立たない商品
B：【きれいめレベル】　使用感が少々あり、ダメージが目立つが通常の使用に問題がない商品
C：【ふつうレベル】　使用感があり、ダメージが目立つが使用に影響がない商品
D：【若干難ありレベル】　使用感がかなりあり、ダメージも目立つが使用はできる商品
E：【ジャンク品レベル】　使用感に関係なく難あり、使用の保証はしません

※『ランク』は個人比較になります。
※ここでいうダメージとはシミ・汚れ・色あせ・伸縮・毛羽立ち、破損、欠損等のことです。見解の相違による返品、返金等は承っておりません。

コンディション表記について	
Nランク	購入物塵もない完全新品の状態です。
Sランク	未開封もしくは未使用品です。
SAランク	キズ、汚れなどがほとんどなく、極めて綺麗な品です。
Aランク	汚れの少ない、綺麗な商品です。
ABランク	細かな使用感（汚れ等）を感じますが、比較的綺麗な品です。
Bランク	中小のキズ、色焼け、汚れのある状態です。大きな欠点もなく通常使用のUSEDです。
Cランク	比較的目立つ色焼け、汚れ、使用感のある状態です。使用に関して機能性に問題のない品です。
Dランク	難あり。（詳細は商品説明文参照）
JUNK	ジャンク品扱い。（詳細は商品説明文参照）

▲ ランクの参考例です。

落札額アップ!商品出品&発送のテクニック

Section 055	出品・発送時にひと工夫してライバルと差を付ける……………138
Section 056	効率アップ!商品撮影のコツ……………………………………140
Section 057	画像にテキストを入れてアピールしよう………………………142
Section 058	GIFアニメーションを使って商品画像を掲載しよう…………144
Section 059	紹介したい商品のリンクを作ろう(テキスト編)………………146
Section 060	紹介したい商品のリンクを作ろう(画像編)……………………148
Section 061	ウォッチリストを使いこなそう…………………………………150
Section 062	関連販売を狙おう…………………………………………………152
Section 063	販売のストーリーを考えよう……………………………………154
Section 064	出品時間に注意しよう……………………………………………156
Section 065	「注目のオークション」を使いこなそう………………………158
Section 066	ヤフオク!独自の機能を便利に使おう…………………………160
Section 067	要チェック!商品別梱包、発送テクニック……………………164
Section 068	過剰梱包に注意しよう……………………………………………170
Section 069	ラッピングやメッセージカードを添えて発送しよう………172
Section 070	まだある!発送に関するテクニック……………………………174
Column	画像の細かいゴミを取る…………………………………………176

第5章 落札額アップ！商品出品&発送のテクニック

出品・発送時にひと工夫してライバルと差を付ける

落札者との取引はネット上ですが、商品の発送、受取のときは、もっとも身近にお互いを感じられるところかもしれません。それだけ印象が強いので神経を使う反面、よい印象をもってもらうチャンスでもあります。

★出品&発送テクニック

・ほかの人がやっていないことを考える

落札時に手書きのメッセージを入れたり、おまけを入れたりすることで落札者からよい印象を持ってもらい、次の取引につなげたり、直接連絡をもらって商品を依頼されたりすることがあります（Sec.069参照）。このような地道な方法は、不用品の処分など利益を度外視するのであればよいのですが、**たくさんの量を販売し利益を上げていこうとする場合は、あまり効率的とはいえません。**

> この度はご購入頂きまして有難うございました
>
> 無事お手元に届きましたら評価より連絡頂けると幸いです
>
> また機会がございましたらよろしくお願いします

▲この手法は今では、広く知られるようになりました。

また、出品時においては「マイブース」の画像とリンクを商品説明に貼り付けて、自分の出品一覧に誘導する方法があります。これも、継続的に落札してもらう、もっと単価の高いものを落札してもらう、複数の商品を落札してもらうための1つの方法ですが、商品を大量に出品していた場合、その全部を見てもらえる可能性はかなり低くなります。さらに取扱商品のカテゴリがバラバラではなおさらです。また、このマイブースも今では多くの出品者が行っているので、あまり目立たなくなってきています。

▲出品している商品を見てもらうことで、商機が拡大されますが、こちらも今では多く見られる手法となりました。

こういった状況でライバルと差を付けるためには、**ほかの人がやっていないことを行い、目新しさだけではなく、落札アップにつながる施策を行う**必要があります。

◆掲載画像にひと工夫する

使っているシーンやサイズ感を伝えるために、実際に商品を利用する場面を撮影したり、バッグなどの内容量を伝えるために実際に服や水筒などを詰めて使い勝手の参考にしてもらいます。多少の手間はかかりますが、ほかの出品者と比べて**親切な印象、安心感**を与えます。

◆落札者の不安を解消させる

筆者が以前に勤めていたネットショップで折り畳み自転車の販売を企画したときに、自転車の特徴の説明だけではなく、かんたんな調整、メンテナンスをレクチャーするサイトを作成しました。これは自転車をネットで購入する際に、何が不安かを考えたところ、整備ではないかと気が付いたためです。**不安になること、不便なこと、わからないことを解決してあげる**、どんな情報を出せばよいかを常に考えることが大事になります。

◆伝え方を工夫する

伝え方もどんどん進化しています。以前はマイブースで商品の一覧を見せればOKでしたが、テキストで商品へのリンクを貼るようになり、最近では画像でリンクする方法も見られます。その上を行くとなると、Sec.058で解説するGIFアニメーションを使った方法や、動画掲載という手法で案内することがポイントになります。また、直接商品とは関係のないところでは、送料を全国一律に設定したり、単純に注意書きを書くのではなく、Q&A方式にして物腰柔らかに伝えるようにします。

●注意書きをQ&Aにする例

返品・交換はできません。

↓

Q：返品や交換はできますか？
A：申し訳ありませんが正常品の返品や交換は承っておりません。万一、初期不良だった場合は、到着後3日以内にご連絡下さい。交換や代替品のご用意ができない場合はご返金にてご案内申し上げます。

◆QRコードを記載する

最近はスマホや携帯からのアクセスも増えているので、メッセージカード（納品書などでもOK）には必ず自分の出品ページへのQRコードを入れるようにします。ヤフオク！のトップページから検索されなくても、いつでも自分のページにダイレクトにアクセスできる環境を作るための施策です。

第5章 落札額アップ！商品出品＆発送のテクニック

★出品＆発送テクニック

効率アップ！商品撮影のコツ

出品にかかる作業の中で、もっとも時間を取られるのは、実は商品撮影です。この商品撮影にかかる作業時間を圧縮して効率化することで、ほかのことをやるための時間をどんどん捻出することができます。

連続撮影するときのテクニック

出品用の商品画像は、撮影から加工まで作業が多岐に渡り、慣れていても時間がかかります。手間がかかる**一番の問題点は、作業の手順を決めていないこと**です。あれこれ悩み試行錯誤しながら撮影するため、光の加減や色の見え方などによって何もかもがバラバラの写真を撮影してしまうのです。このような撮影ではあとでたくさん加工が必要になり、かなり時間がかかってしまいます。そうならないために、圧倒的に写真の準備時間を短縮する撮影手順を解説します。

◆ 1．よい写真が撮れるところで、商品を置く場所を決める

一眼レフやレフ板、専用の照明、高価な画像加工ソフトなどは必要ありません。現状の道具で一番よい写真が撮れる場所を見つけます。

◆ 2．三脚・カメラの設定を決める

三脚とカメラを常に同じ部屋の同じ場所で使うようにします。これが決まれば以降は動かしません。

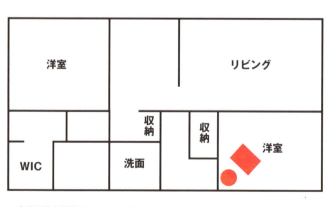

▲ 商品画像を撮影するときはこの部屋のこの場所、ということを決めてしまいましょう。

◆3. 写真を撮影する方向を決める

やや斜めで全体・側面・裏側・付属品を撮影するなど、商品ごとにパターン化するとさらに効率化します。

▲ 商品ジャンルごとにパターンを決めておくことで、撮影のたびに考えることがなくなります。

◆4. 大きいものから順番に撮影する

まずは大きいものから撮影しましょう。小さいものはズームすればOKです。あとは流れ作業の要領で順次撮影します。

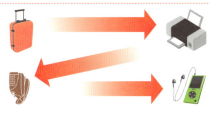

▲ いかに効率よく撮影できるかを考えた結果がこの方法になります。

商品説明を同時に作成する

さらに、**撮影するのと同時に商品説明を作ってしまいましょう**。落札者が気にするポイントは、大きさ、重量と商品の状態です。これらのチェックを撮影と同時並行で進めれば、さらに時間の短縮につながります。

1. 出す袋や箱を確認しつつ商品を出す
2. 測る：縦・横・高さを測る　（商品により詳細なところも測りましょう。たとえばメガネであれば蝶番から耳をかけるところまでの長さ、など）
3. 量る：重さを量る　（軽いものであれば数百円で購入できる小型スケールで量ります）
4. チェックする　（傷の有無、程度、付属品などをチェックします）
5. 撮影する

商品画像の作成＝撮影と考えがちですが、いったん商品を取り出すことに変わりはないので、このタイミングでできることは全部まとめてやってしまいましょう。ちなみにこの一連の作業は、**1人よりも2人で分担して作業する**のが、もっとも効率よく動くことができます。

第 5 章 落札額アップ！商品出品&発送のテクニック

画像にテキストを入れてアピールしよう

★出品&発送テクニック

ヤフオク！には同じような商品を扱っているライバル出品者がいるので、ただ撮影しただけの画像を掲載していては、なかなか差別化ができません。できれば差を付けたいものです。

画像をデザインする

　検索結果ページでは、「タイトルと画像」か「画像を大きく表示」のどちらかで商品が 20 ～ 25 件表示されます。最低でも 20 商品、つまり 19 人のライバル出品者がおり、商品が比較・検討されます。落札者が商品を選ぶのには、画像が大きな役割を果たしているので（Sec.013 参照）、同じような商品で同じような画像を使っていては、差別化できません。そのために目を引くよう、画像をデザインしましょう。具体的には、画像にアピールするポイントの言葉を入れます。作業は無料のソフト「PhotoScape」（Sec.044 参照）で行いますので、費用はかかりません。

◆PhotoScapeで商品画像をデザインする

　ここでは、PhotoScape を利用して、画像の両脇に目立つテキストを追加する手順を紹介します。

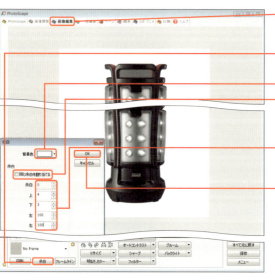

❶ PhotoScape を起動し、＜画像編集＞をクリックして編集画面を表示させます。

❷ 写真をドロップすると編集できるようになります。＜余白＞をクリックします。

❸「背景色」を設定します。

❹＜同じ余白を割り当てる＞をクリックしてチェックボックスのチェックを外すと、上下左右の余白をそれぞれ設定できます。

❺ 文字を入れる余白を作りましょう。数値を入力すると余白が広がります。今回は左右に 100 の余白を作りました。

❻＜ OK ＞をクリックします。

❼ <オブジェクト>タブをクリックします。

❽ Tをクリックします。

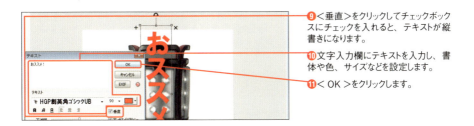

❾ <垂直>をクリックしてチェックボックスにチェックを入れると、テキストが縦書きになります。

❿ 文字入力欄にテキストを入力し、書体や色、サイズなどを設定します。

⓫ < OK >をクリックします。

⓬ テキストが表示されるので、ドラッグして配置させたい場所へと移動します。

⓭ 手順❿の工程では、「アウトライン」（文字周りに色付け）や「シャドゥ」（文字の背後に影を付ける）の<適用>をそれぞれクリックしてチェックを入れると、テキストの装飾ができます。

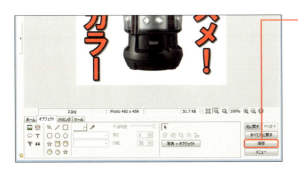

⓮ すでに配置済みのテキストも、ダブルクリックすると編集できます。加工が完了したら、<保存>をクリックしましょう。商品だけの画像よりも見栄えが大きく変わりました。

> ◆MEMO◆ のめり込み過ぎに注意
>
> 目立つ画像を作ろうとのめり込んでしまって、ほかのことができなくならないように注意しましょう。

第5章 落札額アップ！商品出品＆発送のテクニック

Section 058

★出品＆発送テクニック

GIFアニメーションを使って商品画像を掲載しよう

「GIFアニメーション」は、かんたんにいうと画像をコマ送りで連続表示する、パラパラマンガや紙芝居のようなものです。このGIFアニメーションを使って、商品説明を効果的に見せることができます。

GIFアニメーションを作る

ヤフオク！の商品詳細ページは基本的に動画は掲載できず、画像のみ掲載可能です。しかし、GIFアニメーションにすることで画像に動きを出すことができます。商品の使い方を順に追って表示させたりすることで、より商品のイメージを伝えやすくなります。Sec.055では「人がやっていないことをやる」と解説しましたが、GIFアニメーションを使った商品画像は、ほかの人はあまり行っていない手法です。ほかにも、「マイブース」の画像の代わりにアニメーションのバナー広告を作成して自分の商品一覧に誘導しやすくするなど、ヤフオク！でほかの人が行っていない（正確にはストア以外の個人が行っていない）アプローチをすることができます。

◆PhotoScapeでGIFアニメーションを作成する

GIFアニメーションを作るのはとてもかんたんです。ここでも、PhotoScapeを使って作成します。

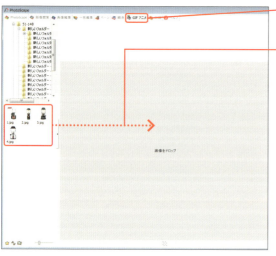

❶ PhotoScapeを起動し、＜GIFアニメ＞をクリックして編集画面を表示させます。

❷ GIFアニメに使いたい画像をすべてドロップします。

❸アニメーションに使われる画像の順番を確認します。変えたい場合はドラッグして入れ替えたい場所に動かします。

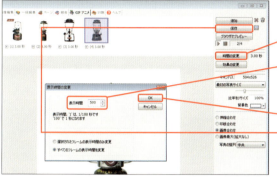

❹＜時間の変更＞をクリックして、1枚の画像の表示時間を決めます。

❺「表示時間」で数値を設定します。早すぎると伝わりませんが、遅すぎるとアニメと気づかれません。目安は1枚5秒です。

❻＜ OK ＞をクリックします。

❼問題なければ、＜保存＞をクリックして作業を完了します。

バナー広告を作る

　GIFアニメーションを商品説明に使うのはもちろんですが、**マイブースの画像をバナー広告のように使う**こともできます。バナー広告とは、かんたんにいうとネット上の看板のような動きのある画像を使った広告です。たとえば、マイブースの商品画像をGIFアニメーションを使ったバナーにして、それぞれの画像で1枚目は「新商品多数掲載中」、2枚目は「レアもの限定品たくさんあります」、3枚目は「マイブースはこちらから」という感じで、動きを持たせながら表示させます。これをマイブースへのリンクとして出品ページに掲載すれば、「マイブースはこちら」だけの画像よりも効果が期待できます。ほかのサイトを参考にしながら自分オリジナルのバナーを作ってみましょう。

◆MEMO◆ GIFアニメーション作成のコツ

1枚目の画像が切り替わる時間は、あえて短くしましょう。具体的には1枚目だけ2秒で、あとは5秒にします。そうすることで商品詳細ページを開いたときに、動いたことがわかります。あわせて最初の画像と同じ画像を最後にもう1度入れ、最後の画像の表示時間は3秒にします。そうすることで、ループしたときに1枚目の表示時間2秒と合わせて5秒間表示され違和感なくアニメーションがループします。

第5章 落札額アップ！商品出品＆発送のテクニック

Section 059

紹介したい商品のリンクを作ろう（テキスト編）

出品＆発送テクニック

一度あなたのページに来てくれた人に対し、別の商品も紹介できるようにしましょう。そのページの商品を買ってもらわなくても、できる限りほかの商品を買ってもらうようにする努力が必要です。

テキストリンクを作成する

商品詳細ページでほかの商品を案内するには、**ほかの商品の商品詳細ページへ移動できるリンクを貼る**必要があります。このリンクは、HTMLタグを作成することで貼ることができます。このHTMLタグは、以下の方法で作成できます。

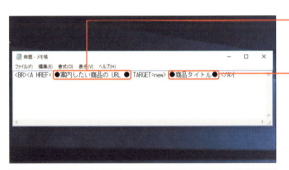

❶「メモ帳」などで、HTMLタグを作成します。1つ目の●と●の間に、案内したい商品の商品詳細ページのURLをコピーして貼り付けます。

❷2つ目の●と●の間に、商品名を入力します（最後に、すべての●を削除しましょう）。

❸手順❶～❷で作成したHTMLタグを、出品時の商品説明の最後に挿入します。紹介したい商品が複数ある場合は、上記のHTMLをコピーして連続して作ってください。このとき、商品説明は必ず＜HTMLタグ入力＞をクリックしてから、入力してください。

❹出品します。商品説明ページを確認すると、リンクが表示されています。

自分の商品だけをリンクで表示するテクニック

　出品している商品のリンクを1点ごとに作るのは大変です。ある程度まとまった単位で似通った商品は、まとめて表示させたいものです。とはいえヤフオク！内で何千万とある商品の中で、どうやって自分だけの商品を表示させられるのでしょうか。それは、商品説明に、「梅田潤の出品商品アウトドア」のような、**ほかの人とは絶対に被らない語句を入れる**のです。

❶上記本文の例のような語句を入れて出品します。これは必ず出品前に入れてください。出品後の商品説明の編集では意味がありません。

❷出品後に先ほどの語句で検索をします。ほかの人が入れない語句なので検索結果は0件となりますが、その場合、検索結果画面に＜同じ条件で商品説明から検索＞が表示されるのでクリックします。

❸きちんと語句を入れていれば、その検索結果に出てくる商品は、すべてあなただけの商品になるはずです。検索結果のURLをコピーして、P.146の要領でHTMLタグを作成しましょう。

第5章 落札額アップ！商品出品＆発送のテクニック

紹介したい商品のリンクを作ろう（画像編）

Sec.059では、テキスト（文字）を使ってほかの商品を案内する方法を解説しました。さらに本節ではもっとわかりやすく目に留まる、画像を使った案内方法を解説します。

画像をサーバーにアップしてHTMLタグで利用する

　画像で自分の出品している商品の案内をすると、ページを見た瞬間に直感的に落札者に内容が伝わります。方法は、**画像をサーバーにアップロードし、画像のURLをHTMLタグに挿入して表示させる**というしくみです。使用するサーバーは、「Yahoo!ジオシティーズ」など無料のホームページ作成サービスを利用します。自分のホームページを開設してURLを作り、ファイルマネージャーで画像をアップロードしましょう。なお、作業の工程上開設したホームページは、利用する必要はありません。

Yahoo! ジオシティーズ
URL http://geocities.yahoo.co.jp/change/

◀ 無料で100MBまで利用できるホームページ作成サービスです。

　ここで利用するHTMLタグは、「<a href="リンク先URL"><img src="画像をアップしたURL"></a>」です。たとえば、アップロードした画像のURLが「http://www.geocities.jp/XXXXXX/.jpg」、リンク先のヤフオク！の商品詳細ページのURLが「http://page10.auctions.yahoo.co.jp/jp/auction/m00000000」とします。この場合、画像でリンクさせるHTMLタグは、

```
<a href="http://page10.auctions.yahoo.co.jp/jp/auction/m00000000"><img src="http://www.geocities.jp/XXXXXX/.jpg"></a>
```

　となります。これをHTMLタグ入力モードの商品説明内に挿入すれば、画像を使ったリンクが完成です。なお、この画像リンクで使う画像は、ヤフオク！で追加できる7枚の画像のうちの1枚にカウントされます。そのため、画像リンクを1つ作ると、残りの掲載できる画像は6枚までということになります。

◆ HTML テーブルを使用して案内する

　HTML テーブルとは、かんたんにいうと表のことで、画像を自分の思い通りに配置できます。P.148 で画像リンクを作成し、自分の出品商品を案内できるようになりましたが、せっかくなのできれいにわかりやすく見せましょう。ここでは、画像リンクを使った HTML テーブルの作成手順の習得を優先するので、HTML をすべて理解する必要はありません。とにかくテンプレートの特定の場所に URL を入れたらよいと、考えてください。それでは、画像リンクが横に 3 つ、均等な大きさで並ぶテーブル作成の HTML を紹介します。

```
<table width="600" height="200" border="1">
  <tr>
    <td height="200">
      <a href="●リンク先URL●" target=new>
        <img src="●画像のURL●" width=200 height=200 border=0>
      </a>
    </td>
    <td height="200">
      <a href="●リンク先URL●" target=new>
        <img src="●画像のURL●" width=200
```

```
" width=200
      height=200 border=0>
      </a>
    </td>
    <td height="200">
      <a href="●リンク先URL●" target=new>
        <img src="●画像のURL●" width=200
      height=200 border=0>
      </a>
    </td>
  </tr>
</table>
```

　この表を使い、●と●の間の URL を埋めることで画像で 3 つの異なるリンク先を案内できるようになります（最後に●はすべて削除します）。あとは、これを HTML タグ入力モードの商品説明に入れれば完成です。

◀ 上の HTML タグを使うとこのように表示されます。

第5章 落札額アップ！商品出品＆発送のテクニック

ウォッチリストを使いこなそう

落札者に商品詳細ページを見てもらったら、その商品をウォッチリストに入れてもらうことがまずは第一関門といっても過言ではありません。多くの落札者にウォッチリストに入れてもらうような工夫が必要です。

・ウォッチリストに登録してもらうためにひと工夫する

　気になる商品を登録するのがウォッチリストですが、ウォッチリストへのハードルは意外と高いです。そもそもウォッチリストに登録するためのボタンが「☆」だと気が付かなくてはなりませんし、商品説明を読み進めてスクロールしたあとは、ページの上にカーソルを持っていって☆をクリックしなければなりません。さほど手間に感じないと思うかもしれませんが、そこにひと工夫です。商品説明を読み終えたその下に「ウォッチリストに登録」のリンクがあったらどうでしょう。説明を読んだ流れでそのまま登録してもらう仕掛けを作るのです。さらに、「ウォッチリストに登録」というリンクよりも表記を少し変えて、「後で確認する」や「まとめて比較する」など、登録を促すような文言でウォッチリストに誘導することもできます。このようにして、もっとウォッチリストに登録してもらうために、工夫をこらしましょう。

◆ウォッチリストのリンクを作成する

❶ ここでは、ブラウザを Google Chrome を利用した場合の例を紹介します。出品後に商品詳細ページの☆（残り時間の右側）を右クリックします。

❷ <リンクのアドレスをコピー>をクリックします（ブラウザによって、コピーの名称は異なります）。

❸ 出品の管理から<オークションの取り消し>をクリックして、いったん出品を終了させます。

❹ 手順❷でコピーしたリンクのアドレスを使い、Sec.059 または、Sec.060 のテクニックで HTML タグを作成して、挿入します。リンクを置く場所は商品説明の最初と最後がよいでしょう。ようするにどこからでもウォッチリストに登録できるようにしておくというわけです。

❺ 再出品が完了すると、ウォッチリストへの登録機会が増えた商品詳細ページとなります。

第5章 落札額アップ！商品出品＆発送のテクニック

Section 062

★出品＆発送テクニック

関連販売を狙おう

関連販売とは、レストランで食事を頼むと「ドリンクもいかがですか？」と聞かれるといったような、購入してくれた人に+αでほかの商品を提案することです。ヤフオク！でもこの手法を利用することができます。

◆ヤフオク！で関連販売で売上アップを

基本的な考えとして、ヤフオク！のユーザーは、自分の求めているものが明確な人が多くいます。だからといって何もしないとそれ以上売上は上がりません。せっかく落札してくれたという縁があるので、**このチャンスを最大限に生か**すよう考えましょう。

◆関連する商品をおすすめする

出品者としては、顧客単価を上げる目的がありますが、落札者としては気が付かないことや、かゆいところに手が届く出品者はありがたい存在です。押し売りにならないよう注意して、**追加で商品を案内**してみましょう。たとえばデジカメを出品するのであれば、出品中のメモリーカードやプリンタを案内してみます。落札者側からすれば、決して押し付けがましい案内には見えません。「メモリーカードも必要だな、一緒に入札してみよう」「デジカメを買うことだし、今使っているプリンタは結構古くなってしまったので、写真をきれいにプリントするよう新しいものも必要だな」となるかもしれません。ただ1点気を付けなければならないのは、**案内する商品は必ず「関連性」があること**です。いくらよい商品でも、落札した商品と無関係のものを勧めてはいけません。

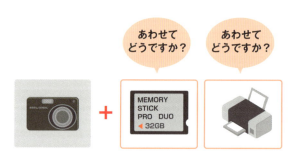

▲ 関連性のある商品を「あわせてどうですか？」と提案してみましょう。

◆リンクを使い商品を案内する

まず最初に思いつくのが、**リンクを使って関連性のある商品を案内**する方法です。これは、Sec.059 と Sec.060 で解説した方法を使います。リンクを作成する際には、出品している商品に関連した商品が引っかかるようにキーワードを作ります。その検索結果ページを商品詳細ページにリンクを入れていきます。

```
このお品の他にも多数出品しております。
複数落札の場合ご相談頂ければ同梱させていただきます。
よろしければ画面右上の「出品者のその他のオークションを見る」
もしくは下記のリンクからご覧くださいませ。
http://sellinglist.auctions.yahoo.co.jp/user/

支払い、配送
```

◀ 検索結果ページへの直リンクを入れて落札者を誘導します。

◆取引ナビで商品を案内する

2つ目は**取引ナビで関連性のある商品を案内**する方法です。これは単純に取引の過程で紹介文と URL を入れれば OK です。注意する点は、メリットを伝えることです。つまり、用途的な点と、送料など価格面での点を伝え、あわせて買ったほうがお得だということを伝えるようにしてください。あくまで＋αで買っていただくためのものなので、売りたいものよりも本当に必要なものを紹介するようにします。

```
※お支払金額：30000円
お振込み手数料は落札者様ご負担でお願い致します。

■こちらの商品専用のズームレンズ、ケースも出品いたしております。
同時に落札頂きますと同梱ができますので送料がお得です。

【α6000専用ケース】
http://page11.auctions.yahoo.co.jp/jp/auction/n00000000

【α6000ズームレンズ】
http://page11.auctions.yahoo.co.jp/jp/auction/n11111111

【発送先の情報に関しまして】
下記の情報をご連絡ください。
```

◀ 関連商品も出品中であることを伝えましょう。

> **MEMO** 関連性のない商品を案内する
>
> 関連性のない（あるかどうかわからない）、もしくは関連性はないけど商品を案内したい場合の方法として、「ほかに気になる商品はありませんか？」と聞いて出品一覧や自分の商品の検索結果を案内する方法があります。もちろん関連性がないので興味があるかわかりません。そのため購入してくれる確率は低くなります。しかし、せっかくのご縁なので何かととにかく紹介したい、という場合はこのように聞いてみることもできます。間違っても「こんなよい商品があるんです！買いませんか？」など押し売りになってはいけません。

第5章 落札額アップ！商品出品＆発送のテクニック

販売のストーリーを考えよう

出品すると検索されて落札される。これが一般的なヤフオク!の流れですが、この流れにストーリーを持たせることでさらに売上を伸ばすことができます。

1円出品と利益商材

大きく分けてオークションには出品方法が2つあります。1つは「1円など低価格から始めるパターン（1円出品）」、そしてもう1つは「過去の落札結果を参考にして価格を決めるパターン（利益商材）」です。前者は赤字のリスクがありますが、その分アクセスを集めることができ、後者は利益を確保しやすくなります。

● 1円出品のメリット・デメリット

メリット	デメリット
・人目に触れやすくアクセスや入札が増える ・割安感がでる	・赤字のリスクがある ・間違った商品だと大惨事になる

● 過去落札相場のメリット・デメリット

メリット	デメリット
・利益が確保しやすい ・欲しい人なら出す	・販売までに時間がかかることがある ・アクセスが集まりにくい

集客できて利益も取れる商品が一番ですが、そういった商品はなかなかありません。そこで**それぞれのよいとこ取りをして商品に役割分担させ、両方を獲得**します。

1. 1円で出品しても大丈夫な商品を選定して出品する
2. 関連性のある利益が取れる商品へのリンクを作成する

といった手順で行います。**1円出品をするものは関連性のある利益が取れる商品に意図して誘導する**、というように仕掛けるようにします。

クロスセルとアップセル

P.154の方法で販売する際に、気を付けたい点があります。それは、関連した商品に誘導するにしても、同じような商品を案内しては意味がないどころか落札者を迷わせてしまう、ということです。そこで意識することが、「クロスセル」と「アップセル」です。

◆クロスセルで落札数増を狙う

クロスセルとは、商品に関連する別の商品や組み合わせ商品などをおすすめすることで、**落札者1人あたりの購買数（落札金額）を上げる**ことを目指すアプローチ方法のことをいいます。具体的には、必要なものなど、これから使うかもしれないものを勧めます。たとえば、その商品の収納ケースや付属品、小物、アクセサリといったものをあわせて案内します。前節でも紹介した方法です。

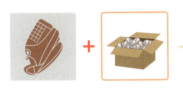

グローブと一緒に落札すると野球ボール1ダースが1,000円引き！

◀ クロスセルでは、関連商品の提案をして最終的な落札点数を増やすことを目指します。

◆アップセルで落札単価増を狙う

アップセルとは、現在検討している商品と同額相当のもの、もしくはより高価な（落札単価や利益率の高い）ものをおすすめすることで、**落札者の単価アップ**を目指すアプローチ方法のことをいいます。1円出品されている商品よりも高額ですが、より機能的に優れている商品を案内します。

あと1,000円足すと倍の32GBのモデルになりますよ！

◀ アップセルでは、関連するより落札単価、または利益率の高い商品を提案することで、最終的な落札単価を増やすことを目指します。

◆MEMO◆ クロスセル＆アップセル販売のポイント

闇雲に案内するよりも、関連性があってさらに必要性があったり、落札者にとってお得になる案内をすることが大事なポイントです。

第5章 落札額アップ！商品出品＆発送のテクニック

Section 064 出品時間に注意しよう

★出品&発送テクニック

出品の終了時間帯に注意している人は多くいますが、出品の終了時間の「分」にまで気を配っている出品者はそう多くないかもしれません。実は終了時間の「分」というのは、落札率に大いに関係することなのです。

終了時間でチェックする「分」とは

　ヤフオク！ではカテゴリによって多少のばらつきはありますが、おおむね22〜23時に落札のピークがあります。そのため、出品する際には終了の時間帯の設定を22時〜23時にします（Sec.019参照）。ここでの解説は、終了時間からもう少し掘り下げた終了時間の「分」についてです。終了時間を22時〜23時に設定しても22時〜23時のどこかで自動的に終了するわけではありません。終了する時間は分単位になっており、商品詳細ページを作成した時間によって決定します。たとえば22時30分に商品情報入力画面を開いたとします。そのあと、情報を入れ終わったのが22時45分とします。そして、オークションの終了時間を22時〜23時としました。その場合、ヤフオク！上では、出品開始時間は22時45分、出品終了時間は、設定した日にちの22時30分となります。つまり、商品情報入力画面を開いた時間の分数が、終了時間にも反映されるのです。なお、終了時間の「分」は出品時のプレビュー画面で確認できます。

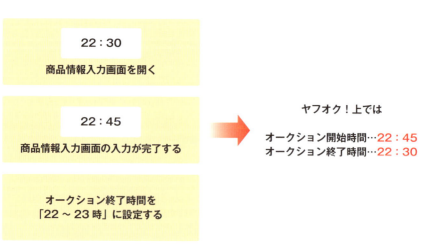

▲ オークション終了時間は、商品情報入力画面を開いた時刻に関連されます。

◆終了時間の感覚のズレに気を付ける

　この終了時間のしくみを知らないでいると、終了時間を22時〜23時に設定しても感覚と実際の終了にずれが生じます。たとえば商品情報入力画面を○時59分に開いたとします。オークションの終了時間を22時〜23時に設定しました。この場合の終了時間は22時59分となります。22時59分はほとんど23時です。もし、終了直前に入札があったら自動延長と、23時以降の落札となります。これではピークを過ぎています。

　22時〜23時に終了させるためには時計を見て、毎時15分になるまでに出品してください。ここでいう15分というのは、時計のズレや作業のズレが合った場合でも、確実に22時〜23時に出品できる時間として想定した分数です。また、商品情報の入力をしようとしたときが59分などギリギリであれば、あと少し待ってから作成するようにしてください。

　せっかくの出品をもっとも効果のある時間（時と分）に出品するための最後の詰めです。しっかりと設定しましょう。

◀ 終了時間と分を見てください。

◆最高の条件で落札されるように出品しよう

　低額出品の入札バトルに参戦するものの、落札できなかった人は、たいていそのあとに終了となる別出品者による同じ商品に入札します。そのような人たちは、**予算オーバーとなり流れてきた落札者**ということになります。つまり、入札バトルで熱くなってどんどん価格を上げてくれる落札者ではない可能性があり、むしろ、予算オーバーを認識して入札を辞める冷静で価格にシビアな落札者ということになります。そういった人たちが多く集まると、価格が上がりにくくなります。結果的に安い価格で落札されてしまい、売上、利益に響くほか、相場を押し下げる原因にもなりかねません。

　誰しも頑張って仕入れた商品は安売りしたくないですし、適正な価格で販売して適正な利益を得る、そしてまたよい商品を仕入れて落札者に喜んでもらう、という好循環を継続していきたいです。この循環を継続していくためにも、適正な出品時間で出品し、可能な限り最高の条件で落札されるように出品することを意識しましょう。

第5章 落札額アップ！商品出品＆発送のテクニック

Section 065

★出品＆発送テクニック

「注目のオークション」を使いこなそう

「注目のオークション」はヤフオク!でもっとも効果がある有料オプションです。基本的な使い方はSec.025で解説しましたが、ここではさらに一歩進んだ設定方法を解説します。

注目のオークションを効果的に設定する

「注目のオークション」を設定すると**カテゴリで上位に表示される**ので、アクセスが増え、落札されやすくなります。しかし、有料オプションで費用がかかるため（1日20円〜）、効果的に設定したいところです。カテゴリで上位表示させるといってもいろいろな商品があるので、何が何でも1位を獲る必要はありません。落札者の多くはキーワードで検索して商品を探すので、その**検索結果画面で上位にあればよい**のです。できるだけ少ない金額で、最大限の効果が上がるようにしましょう。下記で実際の画面を見ながらコツを解説します。

❶ 出品した商品詳細ページの画面右側にある＜注目のオークション設定＞をクリックします。

❷ 画面下の順位を確認します。同じカテゴリで注目のオークションを設定している商品が確認できます。

158

❸ 注目のオークションの設定件数が20件以上の場合は、出品カテゴリで同じ商品が出ているかを確認します。仮にカテゴリ全体では下位にしか表示されない金額設定でも、落札者が商品を検索して探すことが多いので、検索時に上位なら問題ありません。事前に調べて、他モデルとの順位争いを避けましょう。

❹ 自分が出品した商品と同じ商品を検索し、注目のオークションが設定されてる商品数が20件以下の場合は、手順1と同じく最低金額の設定でOKです。今回、「EOS Kiss X7 Wズーム」を出品し、注目のオークションを設定している人は3人でした。これで「EOS Kiss X7 Wズーム」で検索された場合に、1ページ目に表示されます。試しに20円で設定してみたところ、「家電、AV、カメラ>カメラ、光学機器>デジタルカメラ> デジタル一眼>キヤノン」全体での順位は177位です。何十ページも下位の表示順位です。しかし、「キヤノンの EOS Kiss X7 Wズーム」で検索された場合は1ページ目の4番目の表示になっています。

　上記手順の例で、「EOS Kiss X7」での検索時にも上位表示させたいとします。「EOS Kiss X7」で検索すると全体で189件、注目のオークションが設定されている商品数は20件ありました。常時1ページへの表示が狙える20位以内に表示されるためには、いくらで注目のオークションを設定すればよいのかを調べます。

　まずは1位の商品のオークションIDをコピーし、注目のオークションの金額設定のページ（P.158 手順❷の画面）でそのIDをページ内検索します。上位50位までに入っていればヒットするので、いくら設定すれば1位に表示されるかがわかります。ヒットしない場合は、50位の金額を見て、自分がそれ以上の金額で注目のオークションを設定すれば「EOS Kiss X7」で検索されたときに1位、もしくは調べた商品順位よりも上位に表示されるということになります。

第5章 落札額アップ！商品出品＆発送のテクニック

ヤフオク!独自の機能を便利に使おう

★出品＆発送テクニック

ヤフオク!には出品する、落札するという基本的なことのほかに、さらにオークションを便利にするさまざまな機能があります。ここでは、それら便利な機能についてまとめて解説します。

◆ 取引や作業を効率にするサービス

　ヤフオク！にはさまざまな独自機能があります。それらを使うことで取引が円滑に進んだり、オークションでの作業がかんたん、効率的に行えるようになります。すばやく作業をすることは、**出品者と落札者の双方にメリットがあります**。せっかく落札いただいたわけですから、気持ちのよい取引を進めるためにも、ヤフオク！の独自機能をうまく活用してスピーディに取引を行いましょう。

◆ 落札通知メールを利用する

　落札通知メールを設定しておくと、「落札をしたが、連絡がこない」というようなトラブルがなくなり、落札時間が遅くなっても自動で落札者に必要な情報が届くので、取引のスピードアップを図ることができます。送料がわかっている場合は、名前、住所と振込先を記載するとスムーズでしょう。また、単純なお礼の連絡として使ってもOKです。「ご落札ありがとうございました。詳細は別途連絡します。」と設定しておけば、いったん連絡をした形になり、落札者に安心してもらうことができます。

❶ ヤフオク!のトップページで＜オプション＞をクリックします。

❷「各種設定」の下にある＜落札通知の編集＞をクリックします。

❸「オプション‐落札通知の編集」画面が表示され、落札者へ自動的に配信されるメール全文が確認できます。画面中段あたりに空白のスペースがあるので、ここへかんたんなメッセージを入力します。

❹画面下部右側の＜更新＞をクリックすると、設定が完了します。

> ◆MEMO◆ 設定したら商品説明文も変更する
>
> 落札通知メールの文面を変更したら、商品詳細ページの商品説明文内に「落札通知メールに詳細を記載しておりますので、必ずメールをご確認ください。」という一文を追加しておきましょう。

◆「値下げ交渉」機能を利用する

　出品の形態で、「値下げ交渉」という機能があります。これは、出品者と落札者が直接交渉をして、価格を決めることができるというものです。値下げ交渉を使うことで、**落札率のアップなどが期待できます**。設定費用は無料ですが、出品時のみに設定可能で、出品後の設定はできません。

❶出品時に価格設定で「定額で出品（値下げ交渉あり）」を選択します。

❷即決価格に出品価格を入力します。希望する価格よりは少し高めに設定しておきましょう。

❸値下げ交渉ありで出品すると、「即決価格」の右に＜値下げ交渉する＞というリンクが表示されます。

❹落札者から値下げ交渉があった場合、マイオークションの「出品中」画面に＜交渉あり＞と表示されます（登録したメールアドレス宛に交渉があったことの通知メールが届きます）。＜交渉あり＞をクリックします。

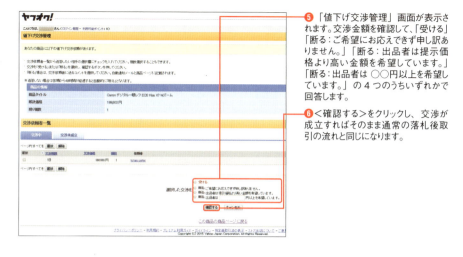

❺「値下げ交渉管理」画面が表示されます。交渉金額を確認して、「受ける」「断る：ご希望にお応えできず申し訳ありません。」「断る：出品者は提示価格より高い金額を希望しています。」「断る：出品者は ○○円以上を希望しています。」の4つのうちいずれかで回答します。

❻＜確認する＞をクリックし、交渉が成立すればそのまま通常の落札後取引の流れと同じになります。

◆minikuraを利用する

　「minikura」（https://minikura.com/）とは、かんたんにいうと個人の商品を預かってくれる倉庫です。ヤフオク！が展開するサービスではありませんが、2013年よりヤフオク！と連携したサービスを提供しています。ヤフオク！に出品する商品が多くなると、**商品を部屋に保管しておくにもそれなりのスペースが必要となり**悩みどころですが、そのようなときにはminikuraの商品保管サービスが便利です。

　使用方法は、Webサイトから専用の箱を購入して、商品を入れた箱をminikuraに送って保管、管理してもらいます。月額で250円～と費用がかかりますが、出荷の作業も代行してもらい送料も割安なので、トータルすると個人にとっては作業時間の削減にもなるお得なサービスです。

「minikura」
URL https://minikura.com/

◀ minikuraには商品撮影や採寸、発送（全国一律800円）まで行うヤフオク!出品代行サービスもあり、これらを一括管理できる出品管理ツールも用意されています。

第 5 章　落札額アップ！商品出品＆発送のテクニック

要チェック!商品別梱包、発送テクニック

商品の梱包はしっかり行わないと、商品が破損したり汚れたりしてしまい、クレームにつながり、悪い評価を付けられる原因にもなります。ここでは、商品別にさまざまな梱包の事例を解説します。

商品によって梱包、発送方法を変える

　商品の形や大きさ、重さは千差万別です。**それぞれの商品の特性に合った梱包**が必要になってきます。また、それと同時に考えなくてはいけないのが発送方法です。落札者の希望や料金、スピード、補償内容を含めてその商品にとって最適な発送方法を選べるよう、しっかりと各発送方法の内容を把握しておきましょう。

◆楽器の梱包、発送方法

　楽器を発送する際のポイントは、「端を守る」ことです。ギターのネックやサックスのベル（音が出るところ）などは厳重にプチプチを巻き、発送時には割れ物易損品に設定して、丁寧に扱ってもらいます。あわせて梱包の中で商品が動かないように緩衝剤を詰めるとさらによいでしょう。

◀ 楽器は大きい割にデリケートな商品です。

◆ポスターの発送方法

　折り目が付かないよう、丸めて発送しましょう。テープで留める場合はできるだけ端で行い、マスキングテープのような粘着力の弱いものを使用し、テープの端も剥がすときにポスターを破ってしまわないように1cmほど折り返してつまみやすいようにします。最後に100円均一や郵便局で販売している丸い筒に入れて発送します。

▲ 丸い筒がない場合は、段ボールを三角形に折って入れても構いません。

◆ 書籍の梱包、発送方法

　書籍を送る場合は、定形外郵便やゆうメールがあります。気を付けるポイントとしては、中身が濡れないようにすることです。書籍をビニール袋で2重に包むなど、水濡れの対策は十分に行っておきましょう。定形外郵便やゆうメールはどちらも追跡できませんが、レターパックライト（360円）を使うと、荷物の追跡が可能になります。料金的にはゆうメールがもっとも安くなりますが、たとえば、下記のように追跡の有無や書籍の厚さで使い分けるとよいでしょう。

- 追跡なし、2cm以下→定形外郵便
- 追跡なし、2cm以上→ゆうメール
- 追跡なし、2cm以上→レターパックライト

▲ 万一雨で濡れたとしても、商品に影響が出ないように保護しましょう。

◆ トレーディングカードの梱包、発送方法

　トレカ（トレーディングカード）は小さいうえに折り曲げられるとその価値が下がってしまいます。しかし、宅急便で送るには小さく、料金もかかります。やはりゆうメールやレターパックが妥当です。発送するときは硬質のプラスチックケースに入れ、そのうえでビニール袋に入れて発送します。さらに両面を大きめの厚紙や段ボールで挟みます。封筒の表にも「折曲禁止」と記入すればベストです。

▲ 商品が折り曲がらないよう、細心の注意を払います。

◆ファッション（洋服）の梱包、発送方法

　まず、雨や水に濡れないようにビニール袋に入れましょう。できるだけ薄く、平たく畳むのがコツです。発送にはレターパックがお得です。プラスでもライトでもかまいませんが、厚みに制限があります。ライトは3cmまでなので、できるだけ薄く梱包しておくとよいでしょう。サイズや重量が定形外郵便やゆうメールの範囲であればそのほうがさらに安くなりますが、レターパックの場合、定形外郵便やゆうメールと異なり、追跡サービスが利用できます。

▲ なるべく薄くするのがポイントです。

◆バッグの梱包、発送方法

　バッグの梱包はまず商品を梱包材でしっかり包みます。そのうえでビニール袋に入れておけば、壊れたり、傷を付けてしまったりする危険がなくなります。また、肩ベルトなどの付属品は取り外して別に梱包しましょう。金具を一緒に梱包すると、輸送中の振動などにより金具でバッグ本体を傷付けてしまうことがあるからです。バッグなどの梱包でとても参考になるのが、商品が新品で販売されているときの梱包です。新品は傷などによって商品が傷んだりしないように厳重かつ丁寧に梱包されています。

▲ 付属品は本体を傷付ける場合もあるので、取り外して梱包しましょう。

◆ゴルフクラブの梱包、発送方法

ヤフオク！の最大のカテゴリの1つがゴルフです。これらの梱包方法も確認しておきましょう。ゴルフクラブは本などと異なり細くて長いので、発送のサイズの基準になる「3辺の合計」がどうしても大きくなります。また、シャフトはカーボンでできていて意外に脆いため、段ボールで保護したほうが安全です。

ゴルフクラブを入れる段ボールはなかなか普段は手に入らないので、作ってしまいましょう。段ボールをゴルフクラブが入る大きさの三角柱にして梱包します。段ボールを継ぎ足せば、比較的かんたんにゴルフクラブが入る大きさで梱包できます。もし、落札価格が高ければ専用の箱をインターネットで購入してもよいでしょう。ただ、1枚単位ではあまり売っておらず、10枚セットでだいたい2,000円程度です。

▲ 段ボールを継ぎ足せば、自作の箱が完成です。

◆家具の梱包、発送方法

家具といってもベッドやタンスといった大型のものから、スツールやちゃぶ台程度の机など非常に小型のものまであります。大型のものであれば、梱包、集荷してくれるヤマト運輸の「らくらく家財宅急便」（下記参照）を利用するのがよいでしょう。

それに対して小型の家具は自分で梱包しなければなりません。完成品の形で送る場合は、角の部分（机やいすの脚）を守るようにプチプチを巻いたり、古いタオルなどで保護します。分解できるものであればいったん分解し、ネジなどの部品とパーツにそれぞれ分けて梱包して、可能なら組立説明書も付けると親切です。カラーボックスなどは長さや大きさが同じものをまとめておき、最後に全体を梱包するときれいに梱包ができます。

「らくらく家財宅急便」
URL http://www.008008.jp/transport/kazai/

◆ ノートパソコン、デジカメの梱包、発送方法

　ノートパソコン、デジカメの梱包でもっとも重要なことは、これらの商品が精密機器だということです。ちょっとした衝撃が破損につながったり、故障の原因になったりするので、輸送中に中身が動かないようにしっかりと固定するよう梱包します。具体的には外からの衝撃をカバーするため、段ボールを利用します。中には隙間に緩衝剤として、新聞紙やチラシなどの紙やビニール袋を入れます。緩衝剤は箱にぎゅうぎゅうに詰め込み、段ボールを閉じるのが少しきついくらいがちょうどいくらいです。また製品本体もプチプチでくるみましょう。もちろん水濡れの対策もとっておいてください。

◀ 中身が動かないように梱包しましょう。

◆ 食器の梱包、発送方法

　食器の梱包はとにかく隙間を作らないことが重要です。新聞紙などを少しきついくらい詰めましょう。カップやポットなど取っ手や突起がある場合はその部分のみ、さらに保護しましょう。その部分が欠けたり折れたりすることがあるので、十二分に気を使ってください。また箱にワレモノ、易損品、取扱注意などと明記して、運送会社の人にも注意を促すようにします。緩衝材をたくさん使うと梱包サイズが大きくなりがちなので、単純な商品サイズではなく、梱包を含めた送料の設定をするように注意しましょう。アンティークや限定品などで30万円を超える商品の場合は、別途保険をかけることができます。事前に運送会社に確認しておきましょう。

▲ 取っ手や突起がある食器は、その部分を別途保護しましょう。

◆ ぬいぐるみの梱包、発送方法

　ぬいぐるみはアンティーク商品を除き、できるだけ小さくして送ります。小さいものであれば定形外やレターパックで発送もできます。水濡れの対策は当然必要ですが、壊れたりすることはほとんどないので、プチプチなどは必要ありません。ビニール袋を2重にして梱包しましょう。宅急便で送る場合も、ぬいぐるみのサイズそのままではなく、多少箱が小さくても押し込むことができるので、高価なもの以外は詰め込んでしまって問題ありません。高価なものはサイズにあった箱で、隙間を緩衝材で埋めて動かないようにしてから発送しましょう。

▲ できるだけ小さくして発送しましょう。

◆ 雨、湿気対策

　雨をはじめとした水、湿気の対策は実はかなり重要です。運送会社の人も輸送中もできるだけ雨に濡れないように配慮はしてくれますが、完璧に防げるものではありません。とくに電子機器は水に弱いですし、書籍類も水は天敵です。また衣類関係の場合は、水濡れによって色落ちしたり色が移ってしまったりする可能性もあります。これらは、あらかじめ雨が降っても大丈夫なようにしておけば防げるものばかりです。対策はかんたんで、商品をビニール袋に入れ、テープでしっかりと口をふさぐだけです。たったこれだけのことで大事な商品を雨や湿気から守ることができます。

> ◆MEMO◆ 追跡サービスのない発送方法でのポイント
>
> 定形外郵便やゆうメールは追跡ができないので、事故が起きると探せなくなります。事前に了解をとったうえで発送するようにしましょう。落札金額が高ければ宅急便などを利用し、安ければ定形外郵便で送るなど、落札金額によって発送方法を変えて確実に届けることと、費用面のバランスを考えた発送方法を選べるようにしておきましょう。

第5章 落札額アップ！商品出品＆発送のテクニック

過剰梱包に注意しよう

梱包は大事な商品を守る大切な作業ですが、ときに商品を守ろうとするあまり度を越えた梱包になって、落札者に迷惑になってしまうことがあります。限度をわきまえた梱包を心がけましょう。

行き過ぎた梱包はかえって迷惑

　精密機械や食器類などを送る場合は商品の破損や故障を防ぐためにも隙間がないように緩衝材を詰め梱包します（P.168参照）。しかし、あまりに簡素な梱包で商品が危険にさらされるのは問題ですが、いくら商品を守るためとはいえ**過剰な梱包はかえって迷惑**になってしまいます。

　たとえば、下記のような過剰梱包をする出品者は、実はけっこう多いものです。

●よくない過剰梱包例

・商品に対して大きすぎる箱で送る
・緩衝材の量が多すぎる
・箱をテープでぐるぐる巻きにする
・雨（水）対策のビニール袋が何重にもされている
・段ボール箱の中に段ボール箱が入っている
・梱包がデコレーションされている
・商品が新聞紙＋ビニール＋プチプチで巻かれている

　本人は商品の保護のためと思っていますが、受け取るほうはそうではないことのほうが多く、**過剰な梱包のせいで送料が高くついた場合は評価に影響してしまうかもしれません**。何事も程度が大事です。参考になるのはネットショップで同じカテゴリの商品を買ってみることです。ネットショップではコストと安全面のバランスを考えた梱包になっています。

▲ ネットショップではどの程度の梱包か、一度見てみると参考になります。

◆最終的には捨てるものに気を付ける

　梱包をするときに気を付けたいのは、梱包資材（外箱、緩衝材、テープ、PPバンドなど）は商品を受け取るまでは必要なものですが、受け取ったあとは基本的に捨ててしまうものです。ですので、捨てにくいもの（分別が必要なものなど）やあと片付けが大変なもの（砕いた発泡スチロールなど）、異常な量の緩衝材などは入れるべきではありません。ただし、梱包資材は何でもよいというわけではありません。以前、ビニール袋に入ったゴミを緩衝材として使い送ってきた出品者がいました。これは極端な例ですが、捨てるものだから何を入れてもよいということではなく、**最終的に捨てるにも面倒にならないような梱包**にしましょう。

◀ 過剰梱包の例です。このような梱包はやめましょう。

◆送料に影響を与えないようにする

　通販で過剰梱包と感じる場合の多くは箱が大きすぎることです。大手の通販会社では、同じサイズの箱を用意しているため、商品のサイズと合わなくても大きめの箱で送ってきます。大手の場合は送料が一律であったりするので、クレームまでは行きませんが、個人間の取引であれば、箱がもう1サイズ小さければ送料が安く収まっていたかもしれないといったクレームになりかねません。また、ほかの通販で送られてきた箱を代用してオークションの発送に使う場合、そのまま使うのがもっともきれいな形をしていますが、だからといって大きな箱のまま、間に緩衝剤をたくさん詰めてしまっては送料が高くつき、クレームにつながってしまいます。もし、箱を再利用する場合でも、カッターなどで切ったり折ったりして**適切な範囲の最小サイズに加工しましょう**。忘れてはいけないことは、落札者は安くよいものがほしいのです。必要以上の梱包で送料が余計に高くならないよう、気を付けましょう。

第5章 落札額アップ！商品出品＆発送のテクニック

ラッピングやメッセージカード を添えて発送しよう

商品にお礼のメッセージカードを添えて発送すると、印象がよくなり、リピーターへとつながる可能性もあります。また、ラッピング対応を謳うことで、丁寧な対応を印象を与え、ライバルと差別化ができます。

メッセージカードやおまけを同封する

落札された商品にお礼のメッセージカードを入れると、落札者の印象はやはりよくなります。とくに手書きのものだと、その効果はさらに高くなります。これはちょっとした心遣いですが、凝った文面でなく、**「この度はありがとうございます」といったような、かんたんなものでも構いません**。今では多くの出品者が行う定番の手法となっています。

● メッセージカードの例文

> ご落札して頂きまして誠にありがとうございました。
> 気に入って頂ければ幸いです。
> 何かご不明なことがあればお気軽にご連絡ください。
>
> ●●や××といった商品も出品しております。
> また、ご縁がありましたら、よろしくお願いします。

◆ ＋αの情報やおまけを添える

お得な使い方や活用法を添えるのも手です。わかりやすいところでいえば、調理器具の場合はかんたんなレシピを付ける、製品の説明書を付けるなどです。説明書はメーカーサイトにあるケースが多いのですが、知らない人も多いので喜ばれます。発送時に商品と一緒に梱包してあげてもよいですし、説明書のURLを教えてあげてもよいでしょう。どちらもない場合は、**おまけを付ける**のもよい方法です。しかし、おまけといっても、何でもよいということではありません。ガラクタはもらっても迷惑なだけなので、落札された商品に関係するものがよいでしょう。たとえばアウトドア用品であれば軍手、ゴルフクラブであればティーといった感じです。大事なことは、ちょっと得した気持ちになってもらうことです。

お礼のメッセージやおまけをもらうと、基本的に悪い気はしません。次回、何か商品を探していてあなたの出品商品と迷ったら、あなたの商品を選んでくれるかもしれません。やはり気持ちよく取引したいのは、出品者も落札者も同じです。すべての落札者がそうなるとは限りませんが、せっかくのご縁を生かす努力はするべきです。

ラッピングに対応する

　一般のお店ではもちろんのこと、個人のネットショップやモールに出店しているショップでも、ラッピングに対応している店舗はたくさんあります。ヤフオク！でもプレゼント用に落札されるケースがないとはいい切れません。また、ラッピングを必要としていなくても「ラッピング対応します」という記載があれば、商品を丁寧に扱ってくれる、対応もよい出品者ではないかという印象も与えられるでしょう。ラッピング対応をすることでライバルとの差別化にもなりますので、可能な場合は積極的に本文に対応できることを入れましょう。

　注意点としては、頼まれてもいないのに、ラッピングはしないことです。丁寧な梱包は一歩間違えると不必要な梱包になってしまいます。あくまでラッピングは依頼されてからです。そのうえで、もし、ラッピングを依頼されたらできる限りのことをしましょう。

▲「ラッピング対応」は売りにもなりますので、商品タイトルにも多く見られます。

第5章 落札額アップ！商品出品＆発送のテクニック

Section 070

まだある！発送に関するテクニック

★出品＆発送テクニック

これまで梱包に関するテクニックを解説してきましたが、そのほかにもぜひマスターしたい発送関連のテクニックがあります。「即日発送」と「クロネコメンバーズのポイント利用法」です。

即日発送でライバルに差を付ける

　落札者にとって落札した商品はすぐにでもほしいので、**発送は早ければ早いほど喜ばれます**。出品の差別化として、商品タイトルに「即日出荷」と入れるのも効果的です。しかし、ここで問題となるのは、どのように即日発送すればよいかということになります。これをクリアするサービスが、ヤマト運輸と日本郵便にあります。

　ヤマト運輸では、事前に集荷に来てくれる時間帯を指定することができます。また、郵便局のゆうゆう窓口では、24時間、集荷を受け付けてくれるところがあります。そのほかコンビニでは、ヤマトの宅急便や日本郵便のゆうパックなどの受け付けも行っているので、こちらを利用するという手があります。

　受け付けの時間帯によっては翌日センターに着荷するため、1日余分にかかることがありますが、**大事なのは即日に「発送した」という事実**です。個人でもこれだけ早く出荷してくれれば、印象のよい出品者になるはずです。あとは、すぐに出荷できるように送り状も事前に運送会社に依頼して用意しておき、出品後はあらかじめ梱包して準備しておくとよいでしょう。

「郵便局・ATMをさがす｜日本郵政」
URL http://map.japanpost.jp/pc/index.php

◀ 画面下の「利用条件からさがす」の＜郵便サービスから選ぶ＞→＜ゆうゆう窓口＞→＜検索する＞を順にクリックすると、ゆうゆう窓口がどこにあるかを検索できます。

・クロネコヤマトのポイントを活用する

　ヤマト運輸の無料の会員サービス「クロネコメンバーズ」では、登録すると発送ごとにポイントが貯まるしくみがあります。

「クロネコメンバーズ」
URL http://cmypage.kuroneko yamato.co.jp/portal/entrance

◀ Web サイトからも、会員登録をすることができます。

　クロネコメンバーズで貯まったポイントは、運賃割引サービスに利用できるほか、ヤマト運輸のいろいろなノベルティグッズと交換することもできます。

▲ 実際にポイントでもらえる商品です。

　さまざまなノベルティグッズがありますが、その中でもとくに**ミニカーはヤフオク！では群を抜いて高値で落札**されています。つまり、ヤマト運輸で発送する→ポイントが貯まる→ミニカーに変える→ヤフオク！で売る、というサイクルができます。また、このポイントは荷物の受け取りでも貯めることができるので、通販で買ったものなどがクロネコヤマトだった場合は、忘れずにポイントを申請するようにしましょう。

◀「ヤマト　ミニカー」で過去の落札結果を検索した画面です。

画像の細かいゴミを取る

　撮影後に画像を見ると、小さなゴミや汚れが見つかることがあります。撮り直すと時間がかかり、そのまま出品した場合に印象が悪くなる可能性もあります。このような場合は、PhotoScapeで画像を加工してその汚れやゴミを取り除きましょう。
　なお、あくまでゴミや汚れは商品をキレイにすれば取れることが前提です。取れない汚れや傷を意図的に隠すためのものではありませんので気を付けましょう。

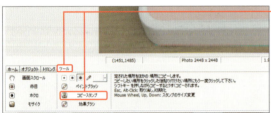

❶ PhotoScapeで画像を開き、＜ツール＞→＜コピースタンプ＞をクリックすると、点線の〇が表示されます。この点線の〇で画像のほかの場所の一部をコピーして、塗りたい部分にペーストします。

❷ 画像が見にくい場合は、画像右下虫眼鏡の🔍と🔍をクリックして、拡大／縮小して調節します。円の大きさは一定なので、大きくペーストする場合は画像を縮小し、細かくペーストする場合は画像を拡大して作業します。今回は細かいので拡大しています。

❸ コピーしたいところに〇を移動し、「Alt」キーを押しながらクリックすると、〇の範囲がコピーできます。ペーストしたいゴミの汚れの部分でクリックします。

❹ 先ほどコピーした部分が貼り付けられ、ゴミの汚れが消える加工がされます。目の上の黒い点も加工して消してみました。もし、画像を撮影したあとでゴミや汚れを見つけた場合は、この方法で取り除きましょう。

第6章

より大きく儲ける!
売上拡大テクニック

Section 071	継続的に売上を上げていくためのコツ	178
Section 072	商品トレンドと季節のキーワードを押さえておこう	180
Section 073	もっと戦略的にヤフオク!で販売しよう	182
Section 074	自分の目標や強みを考えよう	186
Section 075	在庫管理を徹底して無駄をなくそう	190
Section 076	Amazonとの併売に挑戦しよう	194
Section 077	Amazonのリサーチ方法	196
Section 078	ヤフオク!の外注化を検討しよう	198
Section 079	不良品や不良在庫を現金化しよう	200
Section 080	確定申告について把握しておこう	202

第6章 より大きく儲ける！売上拡大テクニック

継続的に売上を上げていくためのコツ

継続的に売上を上げていきたいのは、販売する人たちすべてが願うことです。ところが継続的にできる人とできない人が出てきます。なぜでしょうか？　それは運だけではない、あるコツがあります。

狩猟民族か農耕民族か

　狩猟暮らしを想像してみてください。今日、山に出かけて獲物を探し、獲物が見つかればよいですが、見つからなければご飯にはありつけません。獲物を保存しておくことはできても、将来に渡って獲物を得られ続ける保証はありません。毎日がその日の食糧確保との戦いです。

　では、農耕暮らしはどうでしょう。春に種を蒔き、夏に育って秋に収穫、その作物で冬を越し、また春に……と繰り返します。春に冬のことまで考えて動いています。さて、どちらの生活が安定していますか？　もちろん農耕生活です。物販でも同じで、**目先の販売にばかり目がいっていると、その場限りの売上になります**。そのときどきに売れる商品があれば伸びますが、なければ収入がなく、安定しません。目先の商品を追いかけるのか、先の売上を考えながら行動するのか。わずかな差のように見えるかもしれませんが、これが**継続的に売上を作れる人とそうでない人の差**です。

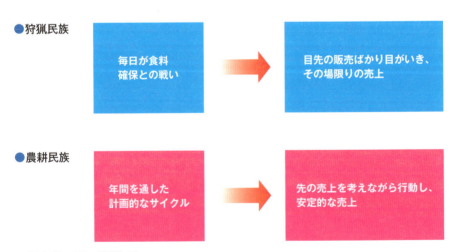

▲ どちらがよいかは一目瞭然です。

◆計画を持つことが初めの1歩

　継続的に売り上げるには、何よりも計画を立てることが外せません。ただし、計画といっても細かく考え出すときがないので、大まかなものから考えましょう。だいたい、この時期に何をする、何を狙ってどう動く、くらいの行動の予定は考えておかなくてはなりません（Sec.073参照）。これがないと行き当たりばったりになり、十分な売上を作れなくなります。

▲ 常に先を見越した計画を立て、行動することが大切です。

◆データを活用して計画的に仕入れる

　各企業のバイヤー（仕入れ担当）は、先輩や上司から教えてもらったり自分の経験を踏まえて、未来の計画を作成します。計画はチェックしてもらい、問題があれば修正を行います。しかし、個人の場合はそれはできないので、個人なりにできることを考えましょう。もっとも**成功の確率の高い方法は、やはりデータを活用すること**です。ヤフオク！には過去の落札結果を提供している「オークファン」（Sec.030参照）があります。そのデータを活用することで、ある程度未来の計画を立てることができます。難しく感じるかもしれませんが、ようは「知っているか知らないか」ということなので、あまり身構えることはありません。

●企業の場合

●個人の場合

▲ 企業も個人も、やることは同じです。

第6章 より大きく儲ける！売上拡大テクニック

商品トレンドと季節のキーワードを押さえておこう

年間を通じて一定の割合で売れる商品は実は少なく、カテゴリや特性によって振れ幅はありますが、どんな商品でも季節で売上が変わります。いかに先回りできるかが、カギになります。

トレンドとキーワードを押さえる

トレンドとは、そのときにあるイベントや行事のことです。次のイベントは何かを事前に把握しておくと、これから先に必要になる商品もわかってきます。そういった**必要な商品を先回りして用意しておく**ことで、落札者にタイミングよく提供できます。タイミングがよいと競合が少ないこともあり、**価格競争になる前に販売できたり、高額な商品でも売れていく**など売上アップに貢献してくれます。

◆季節のトレンドとキーワード

月(春)	キーワード	トレンド
3月	・ひな祭り ・ホワイトデー ・花粉 ・春高バレー ・春分の日 ・選抜甲子園	「ファッション関連」「アクセサリー」 「デジタルカメラ」「デジタルビデオカメラ」 「マスク」「サングラス」「メガネ」 「野球、サッカー」「プレゼント」
4月	・花見 ・入学・入社 ・マスターズ（ゴルフ） ・エイプリルフール ・花粉症	「マスク」「サングラス」「メガネ」 「レジャーシート」「クーラーボックス」 「バーベキュー」「カバン」 「ネクタイ、ハンカチ、カフス・タイピン」 「スーツ、シャツ」
5月	・こどもの日 ・ゴールデンウィーク ・潮干狩り ・母の日 ・鮎解禁 ・憲法記念日 ・全仏オープン（テニス） ・運動会（春）	「プレゼント」「クーラーボックス」 「釣具」「ランニングシューズ」 「水分補給」「デジタルカメラ」 「デジタルビデオカメラ」 「スーツケース」「旅行用品」

月(夏)	キーワード	トレンド
6月	・梅雨 ・父の日 ・サッカーW杯 ・全米オープン（ゴルフ） ・ボーナス（夏） ・結婚式（ハネムーン）	「旅行用品、スーツ、シャツ」 「かさ、レインウェア、レインブーツ」 「ネクタイ、ハンカチ、カフス・タイピン」 「ユニホーム、サイン、ピンバッジ」 「クラブ、バッグ、ゴルフウェア」 「ブランド財布、ブランドバッグ、腕時計」

月(夏)	キーワード	トレンド
7月	・海の日　・海開き ・七夕 ・富士登山 ・全英オープン（ゴルフ） ・ウィンブルドン（テニス） ・パンパシフィック水泳選手権	「浮き輪」「スノーケル」「ゴムボート」「サンシェード」「パラソル」「アウトドア」「バーベキュー」「テント」「浴衣」「縁台」「虫よけ」「花火」「バケツ」
8月	・花火 ・夏休み ・甲子園（夏） ・オリンピック ・全米プロ（ゴルフ） ・残暑	「花火」「レジャーシート」「クーラーボックス」「浴衣」「甚平」「麦わら帽子」「スーツケース」「ボストンバック」「ユニフォーム」「バット」「グローブ」「スパイク」「登山靴」「ザック」「レインコート」「酸素」

月(秋)	キーワード	トレンド
9月	・○○の秋 ・運動会 ・全米オープン（テニス） ・周年祭 ・敬老の日 ・シルバーウィーク	「焚き火」「ダッチオーブン」「テーブル」「ランニングシューズ」「ジョガー」「水分補給」「デジタルカメラ」「デジタルビデオカメラ」「レジャーシート」「花束」「旅行」「マッサージ器」
10月	・紅葉　　・ハロウィン ・月見　　・秋雨 ・学園祭　・体育の日 ・日本シリーズ（CS） ・F1 JAPAN GP ・ラグビーワールドカップ	「スーツケース」「水」「筒プレ」「お菓子」「パーティグッズ」「デジタルカメラ」「デジタルビデオカメラ」「レジャーシート」「レインブーツ」「傘」「防水」
11月	・文化の日 ・勤労感謝の日 ・グラチャン（バレー） ・結婚式	「ダウン」「発熱素材」「コート」「デジカメ」「デジタルビデオ」「カメラ」「着物」「ランニングシューズ」「ウェア」「機能下着」「直輸入」「海外限定」「海外版」「旅行用品、スーツ、シャツ」

月(冬)	キーワード	トレンド
12月	・クリスマス ・カウントダウン ・忘年会 ・甲子園ボウル ・箱根駅伝 ・格闘技イベント ・ボーナス	「旅行、車関係」「ブランド品、旅行、プレゼント（ラッピング）、自転車、ワイン」「イルミネーション、パーティグッズ」「サッカー関連、Jリーグ」「飲酒、サプリメント、パーティグッズ」「アメフト、プロテイン、サプリメント」「ランニングシューズ、心拍計、ジョガー、サプリメント、ドリンク」「サンドバッグ、フィットネス用品、ウェイトトレーニング」
1月	・正月 ・成人式 ・新年会 ・天皇杯 ・高校ラグビー、高校サッカー ・ニューイヤー駅伝 ・全豪オープン（テニス）	「ラケット、ボール、ウエア」「福袋、お年玉、初売り」「お祝い、お酒、スーツ、着物、ビジネス関連グッズ」「飲酒、サプリメント、パーティグッズ」「ランニングシューズ、心拍計、ジョガー、ドリンク」
2月	・節分 ・バレンタイン ・雪祭り ・東京マラソン	「ランニングシューズ、心拍計、ドリンク」「パーティグッズ、小旅行、スニーカー」「スパイク、スタッドレス、旅行、スーツケース」「スパイク、ユニホーム、ボール、Jリーグ」「ブランド品、旅行、プレゼント（ラッピング）」

第6章　より大きく儲ける！売上拡大テクニック

第6章　より大きく儲ける！売上拡大テクニック

もっと戦略的にヤフオク！で販売しよう

行き当たりばったりの販売では売上が安定しません。安定させるためには戦略的に販売しなければなりませんが、そこは企業のように難しく考えることはありません。要は継続的に売るための考え方です。

◆ 販売計画の立て方

販売計画といってもExcelやPowerPointなどで、綿密に組み立てるほどのことではありません。かんたんにいえば、**どうやって売上を伸ばすかをあらかじめ考えておく**ということです。考えるポイントは3つあります。

◆ 1.「伸び率の高いもの」を伸ばす

いろいろな商品を販売する中で、**伸び率の高いものをさらに伸ばす**ようにします。目安としては前月比で25％以上伸びているもの、もしくは伸び率のトップ5に入る商品を、さらに伸ばせるようにします。

反対に伸びていない商品、後退している商品を復活させようと頑張るのは得策ではありません。競合が出てきた、トレンドが終わったなど原因は1つではないですが、かける労力と伸び代を考えると、優先順位は低くなります。また、処分するにしても利益が出ていないことには、なかなか処分に踏み切れないので、そういった意味でも伸び率の高いものはどんどん伸ばすという発想を持ちましょう。

◆ 2.「在庫効率がよいもの」を伸ばす

入荷後すぐになくなる商品のことです。売上が伸びていても在庫になっている時間が長い商品より、**販売の効率がよく、資金が循環する**ので利益を生むにはよい商品です。これらに該当する商品やカテゴリをもっと伸ばせるようにします。

また、それだけ需要のある商品、カテゴリですので、多少利益が悪かったとしても、**在庫効率のよいものを選びましょう**。

A 販売価格：1,000円 利益率：20％ 1カ月 10個売れる	＜	B 販売価格：1,000円 利益率：15％ 1カ月 10個 ×2回売れる
月200円の利益		**月300円の利益**

◀ 利益20％の商品が1か月に10個売れるA商品よりも、利益が15％の商品が1か月に10個×2回売れるB商品のほうを伸ばしましょう。

◆ 3.「自信のあるもの」を伸ばす

　自信をもって仕入れた商品ですから、売らないわけにはいきません。違った表現をすると、「それほどの自信が持てるようになるまで綿密にリサーチをした商品」といえます。ただ、「よいと思ったから」というあいまいな理由では自信は生まれません。とことん調べつくして間違いないと確信ができる商品だからこそ、自信があるのです。**そのような自信のあるものを伸ばしていく**、という方法もありでしょう。

◀ 調べ尽くした自信のある商品を伸ばします。

　以上の原則をもとに、自分の商品を検討し、どの商品に注力すべきかを探してください。在庫が必要なのか、類似品がよいのか、バリエーションを増やすのかなど、いろいろな施策やアイディアを考え、実行します。これが計画ということです。

オークションのコンセプトを決めておく

　まだ、始めたばかりの頃は、オークションのコンセプトはあまりこだわる必要はありません。とにかく売れる商品を取り扱えばOKです。しかし、ある程度の売上になってくる頃に、ただ商品をリサーチして販売するだけではなく、どういう方針で取り組むのかを明確にしておいたほうが、目的ややりたいことがはっきりするので、継続しやすくなります。

　あくまで方針を決めるもので「専門店を目指しましょう」といっているのではありません。取り扱い商品が多岐に渡っても何の問題もありませんが、**どういうふうに稼いでいきたいか、というコンセプトは決めておきましょう**。できれば人に話して「なるほどね」と理解されるくらいの方針がベターです。

> ◆MEMO◆ 過去に著者が立てたコンセプト例
>
> 筆者が以前にヤフオク！で店長をやっていたときのコンセプトの1つが、「おもしろい」オークションであるかを追及する、ということでした。1円スタートもたくさんやりましたし、廃盤品や処分品を各店舗からもらってきて出品したり、メルマガでの送料無料企画など、とにかく「何かやっている」というオークションにするという目的がありました。

◆売上を作る公式で改善点を探る

一般的なお店（実店舗）では、下記のような売上の公式というものがあります。

来店人数×購買率×客単価＝売上

たとえば、月間で100人お客様が来て5％の人が購入し、1人あたりの単価が5,000円であれば売上が25,000円、というわけです。これをヤフオク！にあてはめると、

出品数×落札率×平均落札単価＝売上

となります。これで売上を上げるための強化ポイントがわかります。

◆毎月公式で数値を算出し比較分析を行う

月が終わったら上記の公式を毎月計算し、前月を比較して変動があったかを見比べます。たとえば前月と比較し売上減の場合、落札率が悪くなっていればここを上げる必要があります。平均単価も同様です。出品数、落札率が同じなのに平均単価下がれば、売上も下がります。単価を上げるか、単価が下がったままでよいのなら出品数を増やすか、もしくは落札率を上げます。急に出品数を増やせないとなれば、もう落札率アップに力を注ぐほかありません。公式にあてはめることで、どのような対策をとればよいかが明確になります。

気を付けなければいけないことは、「出品数」「落札率」「平均落札単価」はそれぞれ独立したものではなく、関連性があるということです。もちろん改善にはそれぞれの項目を強化する必要がありますが、一般的に出品数が増えれば落札率は下がりやすくなる、というようなことです。この場合は、出品数を増やしながら落札率を維持する工夫が必要です。たとえばクロスセル（Sec.063参照）などの関連販売がそれにあたります。

◆MEMO◆ 落札率や平均単価の計算

件数が多くて落札率や平均単価を計算していられない場合は、オークファンのプレミアム会員のオプションで、落札結果をCSVでダウンロードするとよいでしょう。こちらを利用すれば計算は一瞬でできてしまいます。

ショッピングサイトとの関係について

　ある程度軌道に乗って、ヤフオク！だけではなく、ネットショップ（Yahoo！ショッピング、楽天市場、独自のネットショップなど）を展開したい、といった場合について解説します。当分ヤフオク！のみという読者は、将来的なものとして参考程度に読んでみてください。

　ヤフオク！はショッピングサイトとユーザーの特徴が異なります（Sec.042参照）。しかし、購買意欲の高い人が多いのも事実なので、**ヤフオク！ユーザーを引き込んで自分のショップのお客様にする**ことができれば、かなり濃いお客様となり得ます。このお客様との関係をヤフオク！からの視点で考え、**いかに自分のところへ引き込むか**ということも考えておきましょう。一朝一夕ではできないので、時間がかかる分、地道に行う必要があります。今から意識しながら取り組んでください。

◆1.商品とお客様の流れを把握する

　筆者の場合は、仕入れた商品はまずネットショップサイトで販売し、在庫処分や端数の商品、わけあり品をネットショップサイトの特売で販売、さらに残ったらヤフオク！に出品しています。

◆2.ヤフオク！からの導線、告知方法を考える

　1とは反対の流れで、ヤフオク！でいろいろと出品をして自店舗を知ってもらい、そこからネットショップサイトの特売ページに誘導し、特売ページからネットショップサイト本体に…という想定もあります。

◆3.ショッピングサイト側で魅力的なコンテンツを用意する

　せっかくショッピングサイトに誘導できても、ショッピングサイトが魅力的でなければいけません。そこに魅力的なもの（送料の優遇や会員割引など）があって、初めて利用してもらえるようになります。

◆MEMO◆ 直接取引は持ちかけない

ヤフオク！では、出品者が落札者へ直接取引を持ちかけるのは規約違反となり、禁止されています。また、直接的な誘導も同様に規約違反です。これらを行うと、アカウント停止となり、これまで蓄積してきた評価などが無駄になってしまいます。上記の「2」ではあくまでお客様に自社を知ってもらうということが目的になるので、注意しましょう。

第 6 章 より大きく儲ける！売上拡大テクニック

自分の目標や強みを考えよう

売上を拡大していくにはやはり自分の強いところを伸ばしていくことが近道になります。しかし、自分の強みや弱みは意外と知らないものです。どのように把握するかや、そのプロセスの考え方などを解説します。

ゴールセットを行い、計画性を高める

ゴールセットとは、目標設定のことです。当たり前のように聞こえますが、意外と行っていない人が多くいます。また、目標だけを設定してプロセスが抜け落ちている場合もあります。

目標だけを設定してもプロセス（方法論）がなければ絵に描いた餅に過ぎません。たとえば、筆者が走ったこともないフルマラソンで、「3時間を切る！」といっているようなものです。すでに本格的に走っている人なら可能かもしれませんが、走ったことがない人が達成できる目標ではありません。やはり**実現性のある目標**を立てなくてはいけません。

◆目標を決める

この目標がないと始まりません。この段階ではその目標が妥当かどうかは問いません。ただ、**できるだけ数値で設定したほうが**ゴールセットとしてしっかりしたものになります。

◆ゴール（目標）から逆算して考える

目標に対して、あれをやり、これをやって最終的に達成する、というのとは反対に、目標を達成するためにAをやり、AをするためにはBが必要で、Bをするには今はCを始める、というように**目標から逆算しましょう**。これで、現在何をすべきかわかります。具体的には、下記のような例があります。

| 月商10万円の達成には現在の平均単価1万円の商品10個の販売が必要 | | 10個売るには現時点で落札率が50％なので20商品の出品が必要 | | 現在の出品数は15個なので＋5個1万円の商品を出品する必要がある |

◆ 最低限、紙に書けるレベルにする

　頭の中だけの目標ではなく、しっかりと文字にできて、**妥当性があるか**を検討してください。たとえば先ほどの例でいうと、「月商10万円達成する目標を立てたのに、平均単価が2,000円で現在の出品商品が10個、落札率が20%だとすると、月商4,000円」とした場合、残りの96,000円を売るためにはあと48個も落札されなくてはいけません。さらに落札率が20%なので240個の商品を手配しなくてはなりません。1ヶ月でこの状態を激変させるのは難しいかもしれません。となると、**目標の売上が間違っていて**、5万円、3万円にでもするべきなのです。

　ここまでやると、そもそも達成できる目標か？ということを客観的に見ることができます。細分化していくと、その目標の無謀さあるいは低さに気が付くはずです。そのギャップを埋めていくことで、実現性のあるプロセスを描くことができます。

◆ SWOT分析で戦略方針を立てる

　SWOT分析とは、強み（Strength）、弱み（Weakness）、機会（Opportunity）、脅威（Threat）の頭文字をとったもので、企業や団体などで広く一般的に行われている分析手法です。

　この分析をすることで、自分の得意は生かされているのか？　自分の弱点は知っているのか？　リスクばかり取る戦略になっていないか？　ほかにチャンスはなかったか？　など、客観的に自分を見られるようになります。それを販売に生かしていくことで、**強みを生かした戦略や方向性を見出し、リスクに対してはうまく避けたり、事前に回避できたり、そのための準備ができるようになります**。次のページに筆者の例を紹介します。

● SWOT分析とは

SWOT	概要	分類	備考
S（Strength）強み	ライバル出品者よりも勝っている点	内部環境	自分でコントロールできるもの
W（Weakness）弱み	ライバル出品者よりも劣っている点		
O（Opportunity）機会	うまく活用すれば売上が伸びる外部環境の変化	外部環境	自分ではコントロールできないもの
T（Threat）脅威	放置すると売上が悪化する外部環境の変化		

▲ 企業経営などでよく用いられる分析手法です。

●筆者の例

SWOT	概要	内容
S (Strength) 強み	競争相手よりも勝っている点	・ヤフオク！やECの経験が長く実績もある ・多様な商品に対しての知識がある ・ネット販売のノウハウ、テクニックを持っている
W (Weakness) 弱み	競争相手よりも劣っている点	・時間がない ・1人で作業をしている（人員が限られている） ・資金力がない（ストアに比べて）
O (Opportunity) 機会	うまく活用すれば売上が伸びる外部環境の変化	・常に新しい情報が手に入る ・セミナーなどで多くの人に出会う機会や回数が多い ・仕事を通じた、通販関連のコネクションがある
T (Threat) 脅威	放置すると売上が悪化する外部環境の変化	・情報がオープンになり、出品カテゴリのプレイヤー増 ・ストア（業者）の参入 ・本業がさらに忙しくなる

▲ 企業経営などでよく用いられる分析手法です。

この結果を、「強み×機会」「強み×脅威」「弱み×機会」「弱み×脅威」の「内部環境×外部環境」のマトリックスに落とし込みます。

	機会	脅威
強み	拡大（参入）のチャンス	どうやって、脅威を回避してチャンスにするか
弱み	どうやって、弱みを克服してチャンスにするか	脅威への対策

▲ 企業経営などでよく用いられる分析手法です。

上記のマトリックスから、今後を考えてみましょう。考え方は3つあります。

1つ目は、**強み→機会型の戦略を中心に考えます**。自分の強みを生かして、チャンスに打って出る戦略です。筆者の場合は「多様な商品に対しての知識がある」×「常に新しい情報が手に入る」となります。いち早く情報の入手が可能なので、先行者利益に特化する戦略を取ることができそうです。

2つ目は、**弱みの防止策を中心に考えます**。自分の弱みについては強化策を取りながら、売上対策を検討することができます。筆者の場合は「時間がない」と「常に新しい情報が手に入る」に注目し、リサーチや顧客管理などのシステムを利用して簡素化し、時間を作るといった取り組みができそうです。

3つ目は、**脅威を中心に考えます**。脅威は外部環境なので、自分でどうにかすることはできません。自分の都合とは関係なく襲ってくるものですので、回避策を講じて

おく必要があります。たとえば筆者の場合は「本業がさらに忙しくなる」と「1人で作業をしている」とあるので、梱包や発送、商品の保管は外注やお手伝いをしてくれる人を探す、といった対策が取れそうです。また、「ストア（業者）の参入」と「資金力がない（ストアに比べて）」については、参入されたらそこからは撤退を視野に入れるなどの回避策の検討などが考えられます。

◆ AIDMAの法則を理解する

AIDMA（アイドマ）の法則とは、Attention（注意）→ Interest（関心）→ Desire（欲求）→ Memory（記憶）→ Action（行動）の頭文字を取ったもので、**消費者心理を表しています**。商売の基本ともいわれています。たとえばあるサプリメントがあったとします。それをAIDMAで当てはめてみましょう。

```
Attention（注意）→ 新しいサプリメントが発売された
Interest（関心）→ 有名なタレントさんが使っているらしい
Desire（欲求）→ 効果が高いらしいので使ってみたい
Memory（記憶）→ 前から気になっていたあのサプリメントだ
Action（行動）→ 買ってみよう！
```

という順序があります。ヤフオク！に置き換えると、あなたが出品している商品にも同じようなことがおきている、ということです。

よく、ヤフオク！初心者から「出品して2日経過するが入札されない」と相談されます。よほど大人気でかつ品薄の商品や、タイミングがよければすぐに落札されると思いますが、**多くの場合は入札までにしばらくかかります**。出品したてではまだ注意の段階で、ユーザーに知られていないので、まずは知られなければなりません。商品タイトルを工夫したり、注目のオークションなどを使って対策を講じます。そこから初めてウォッチリスト登録や入札の行動に移してくれる落札者が出てきます。

ちなみに、前出の相談内容の場合、たいていその次に「値下げしたほうがよいでしょうか」と続くのですが、このAIDNAの過程を知らないと、かんたんに値下げに走りがちです。値下げは利益の圧迫ですので、どんどん儲からなくなります。**ものが売れるには、明確な過程がある**ことを知っておいてください。

第6章　より大きく儲ける！売上拡大テクニック

第6章 より大きく儲ける！売上拡大テクニック

Section 075

★売上拡大テクニック

在庫管理を徹底して無駄をなくそう

物販を継続していくうえで避けては通れないのが在庫です。よくも悪くも物販と在庫は、切っても切れない関係で、在庫がなければ売上が立ちません。上手に付き合っていくための考え方を解説します。

◆ 在庫の考え方

在庫が多すぎると倉庫に眠らせておく期間が長くなり、動かせる資金が少なくなるので、身動きが取りにくくなります。反対に在庫が少なすぎると、在庫切れを起こして機会損失（チャンスロス）に直結するため、売上が伸びません。**多すぎても少なすぎてもいけないのが在庫**です。在庫と聞くと「もの」なのでピンとこないかもしれませんが、売ったらお金に変わるものなので、「在庫＝お金」です。

在庫が多いと……

動かせる資金が少なくなり、身動きが取りにくくなる

在庫が少ないと……

在庫切れを起こして機会損失に直結し、売上が伸びない

▲ 多くても少なくてもいけないので、悩みの種になりがちです。

問題はどれくらいが適正な在庫の量なのかということですが、それをきちんと調べる指標があります。初心者の人は厳密に計算する必要はありません。しかし、将来的に取り扱い品目や金額が増えてくると、同時に在庫も増えることになるので、商品ごとの適正な在庫は把握しておいたほうがよいでしょう。気が付いたら在庫だらけになっていた、なんてことにもなりかねません。物販を行う上では**在庫は「必要な量」を持つべき**です。それでは、次ページでその指標について、解説します。

必要な在庫は最低限の数を持つ必要がある 欠品が発生すると、販売企画の損失となり、反対に損をしてしまう

◀ 適正な在庫を持たないことは反対に損となります。

在庫回転率と在庫回転日数で適正数量を考える

在庫の適正な数量を見る指標が、**在庫回転率**と**在庫回転日数**の2つです。「回転」というのは「仕入れ→在庫→販売→仕入れ→在庫→……」の循環を指しています。

◆在庫回転率

在庫回転率は、売上高が在庫の何倍あるかの指標なので、**売上高÷在庫金額**で算出します。たとえば在庫回転率がA商品が2、B商品が12だとします。この場合、A商品は1年に2回、つまり半年に1回しか循環できていません。それに比べてB商品は12なので、年に12回循環している、つまり毎月在庫が入れ替わっているということになります。ということは、B商品はA商品の6倍売れていることになります。また、利益率とあわせて考えてみましょう。どちらの商品も価格は10,000円、利益率はA商品が50%、B商品が10%だとすると、A商品の利益は「50%(5,000円)×2回=10,000円」、B商品の利益は「10%(1,000円)×12回=12,000円」ということができます。利益率は5分の1でも1年間では1.2倍の売上があるので、B商品を売ったほうが儲かるという計算です。利益率だけではどちらが儲かる商品かわかりませんが、しっかり計算すると目に見えてわかります。

◆在庫回転日数(在庫回転期間)

在庫回転日数(在庫回転期間)は、「在庫が売上の◯日分ある」という指標なので、**在庫÷1日あたりの売上**で算出し、1日の売上はその商品の全体の売上÷365で算出します。その結果、今の在庫で◯日分の売上を作ることができるということがわかります。別のいい方をすると、今の在庫がなくなる(完売)までに何日かかるか、ということです。

◀ それぞれの算出方法を確認しましょう。

◆ ヤフオク！の需要と照らし合わせる

在庫回転率や在庫回転日数を計算することで、自分の在庫の状況や売るべき商品、在庫の現状については把握できるようになりました。**在庫の健全性を考える、適正な在庫数を考えるには、ヤフオク！での需要を見る**必要があります。需要の見方はかんたんです。ヤフオク！、またはオークファンで過去の落札結果を見ればよいのです。その結果から、現在の在庫数、在庫回転率、在庫回転日数を見て、持つべき在庫数を決めればかなり精度の高い調整を行うことができます。

「条件指定｜ヤフオク！」
URL https://auctions.search.yahoo.co.jp/advanced

◀ ＜終了したオークション＞をクリックすると、過去の落札が検索できます。

「オークション（落札相場一覧）｜オークファン」
URL https://aucfan.com/search1/co.jp/advanced

たとえば仕入れを検討しているC商品が、ヤフオク！で過去120日で10個、落札されているとします。新規に参入してもすべての需要を取ることはできないので、今の需要の20％取れると仮定すると、120日で2個の販売ができるのではないかという予想ができます。そのあと実際に仕入れてみて、120日で2個売れたかを見ます。

- 120日で1個の販売 → 在庫2個は多い
- 60日で2個の販売 → 2個では少ない、4個でもOK

となります。こうやって在庫の精度を高めて適正な在庫数を持ち、上手に在庫と付き合っていきましょう。

交差比率について考える

交差比率とは、在庫と商品の効率を見る指標です。かんたんにいうと、**仕入れた商品がどれだけ効率的に利益を生み出しているのか、どの商品が利益に貢献してるのか**がわかります。

単純に単品の粗利益率（＝1－売上原価÷売上高）だけでは、「この商品が儲かっている」と判断するには実は不十分です。一般的に粗利益が高いと販売数は少なくなり、在庫期間も長くなります。そのため、粗利が高い商品＝儲けが大きいとはなりません。そこで、ある商品がどれだけ利益に貢献しているかということを見るために、在庫回転率とあわせて交差比率を計算します。

◆交差比率の算出方法

交差比率は「粗利益率×在庫回転率」で算出し、商品ごとに計算します。数値が高い商品ほど利益貢献度が高く、効率よく儲かっているということになります。では、実際に交差比率を計算してみましょう。計算式はシンプルですので、粗利と在庫回転率さえ出していれば、単純に算出できます。

> A商品：粗利益：20％×在庫回転率：10 ＝ 交差比率は「200」
> B商品：粗利益：30％×在庫回転率：8 ＝ 交差比率は「240」
> C商品：粗利益：40％×在庫回転率：4 ＝ 交差比率は「160」

たとえば上記の場合、粗利益の順位でいえばC→B→Aですが、交差比率（利益の貢献度）で見ると、B→A→Cの順となります。つまり注力すべき商品は、この3つの中ではBです。単純な粗利益だけを見ていたら本当に注力するべき商品を見落としていたところです。在庫とうまく付き合うためには、交差比率の確認は忘れてはいけません。初級者は作業が増えるので行う必要はありませんが、ある程度の在庫が増え、販売実績ができたら、もっと売上を伸ばすときの指標としてください。

◀ 交差比率の算出方法を確認しましょう。

第6章 より大きく儲ける！売上拡大テクニック

Amazonとの併売に挑戦しよう

★売上拡大テクニック

本書はヤフオク！での出品を基本にしていますが、個人がかんたんに販売できるショッピングモールがあります。「Amazon」です。慣れてきたら、ヤフオク！とAmazonでの併売も視野に入れるようにしましょう。

ヤフオク！とAmazonの両方で販売する

　ヤフオク！とAmazonでの併売といっても、それぞれのサイトで別の商品を売るのではありません。**同じ商品、同じ在庫をヤフオク！とAmazonで売る**ということです。メリットとしては、売り場が増えることになるので、単純に商品に触れてくれるお客様が増える、つまり売れやすくなる、ということです。同じ商品を1ヶ所で販売するよりも、2ヶ所で販売したほうが売上も上がりやすいでしょう。その中でもAmazonは、下記のような理由によりとくにおすすめです。

- 出品がかんたん
- 楽天市場や、Yahoo!ショッピングとは異なり売り場を作る必要がない
- 集客をAmazonが行ってくれる

　楽天市場やYahoo!ショッピングは店づくりが大変ですが、Amazonは、既存の商品であれば**出品完了までわずか数分で終わります**。ヤフオク！もAmazonも非常に売上高の大きなネットショップサイトですので、そこに個人や中小零細企業がかんたんに出品できるのは大きな魅力です。出品にかかる手間も少ないのがAmazonの特徴ですので、ぜひ挑戦してみてください。

「Amazon マーケットプレイスへの出品 | Amazon.co.jp」
URL http://www.amazon.co.jp/gp/help/customer/display.html?nodeId=1085238

◀ Amazonマーケットプレイスに登録して、Amazonに商品を出品しましょう。

在庫管理に注意する

ヤフオク！と Amazon の両方で販売するときに、気を付けなければなならいのは**空売り**（在庫がないのに販売してしまった）です。もし空売りになってしまった場合は、3 つの対処方法があります。

- とにかく商品を手配する
- どちらかの購入者にお詫びしてキャンセルしてもらう
- あらかじめ空売りがあるかもしれない旨を記載する

しかし、これらはどれも欠点があります。どこにでもある商品なら手配もできますが、レアな商品や限定の商品は再手配が難しく、**中古の場合は同じコンディションの商品を見つけるのは至難の業**です。また、ヤフオク！も Amazon も基本的に在庫がある商品の販売を前提としていますので、同じようなことが続けばアカウントが停止されてしまう可能性も出てきます。では、あらかじめサイトに空売りがあるかもしれない旨を記載する方法がよいかというと、買い物をしても在庫がないかもしれない商品なので、そのような商品はやはり敬遠され売れにくくなります。空売りが発生する原因はただ 1 つで、在庫が 1 個なのに、ヤフオク！と Amazon の両方でそれぞれ 1 個出品して在庫数以上の商品を売っているからです。ヤフオク！と Amazon はまったく別のサイトなので、在庫データが連動していません。**自分で在庫を管理しなくてはならない**ということです。

空売りを防ぐかんたんな方法は、

ヤフオク！の出品数＋アマゾンの出品数＝在庫数

とすることで、**在庫以上の出品は絶対にしない**ことです。必然的に在庫が 1 個の場合は、どちらからのサイトでしか売れません。ただ、2 個以上の在庫がある場合には、売り場が増えるので、売上アップに貢献してくれるでしょう。

◀ 交差比率の算出方法を確認しましょう。

第6章 より大きく儲ける！売上拡大テクニック

Amazonのリサーチ方法

Amazonがいくらかんたんに出品できるとはいえ、売れない商品もあります。やはり売れない商品を出品するのは効率的ではないので、商品のリサーチを行ってから販売しましょう。

モノレートを使ってリサーチする

「モノレート」は、Amazonに掲載されている**商品価格の推移、出品者数の推移、ランキングの変動をグラフにしてくれているサイト**です。Amazonのランキングはさまざまな要素で変動しますが、かんたんにいえば売れたら上がり、売れないと下がります。その変動を見ることで、たくさんランキングが上下していればよく**売れている商品**、と推察することができます。モノレートでのランキングの変動などは以下の手順で調べることができます。

1. ヤフオク！で出品中の商品と同じ商品を探す
2. 出品予定のページでASINコード（Amazonの商品IDのこと、右ページ参照）を見つける
3. モノレートの検索ボックスにASINコードを貼り付けて検索する

これだけで商品の価格の推移、出品者数の推移、ランキングの変動をグラフで表示してくれます。新品のほか、中古価格の変動もわかります。また、初期設定の表示期間は過去3か月ですが、期間では最大12か月、もしくは全期間を選択するとデータがある最大の過去までさかのぼった表示ができます。とくに**季節商品の場合は、前年の同時期までさかのぼって売れ行きを確認する**ことが可能です。

「モノレート」
URL https://mnrate.com/

◀ Amazonの価格や出品者数の推移、ランキングの変動などが確認できます。

あまログを使ってリサーチする

「あまログ」は有料（料金要問合せ）ですが、モノレートでは確認できない、**出品者の商品ごとの売上高などを具体的な数値で**リサーチできます。Amazonのページで、何人がどれくらいその商品を売って売上を上げているかをリサーチして、あとから参入しても対応できるかが確認できるのです。

「あまログ」
URL https://amalogs.com/

◀ 特定の出品者の販売データなどをリサーチすることができます。

◆あまログで特定出品者をリサーチする

はじめに、ヤフオク！で出品中の商品と同じ商品をAmazonから探します。出品されていれば、画面をスクロールして「商品の情報」の右下にある「登録情報」に記載されているASINコードをコピーします。

◀ Amazonの商品ページにあるASINコードをコピーします。

トップページから＜ASIN＞をクリックし、先ほどコピーしたASINコードを検索欄に貼り付けて＜検索＞をクリックすると、同じASINコードの商品をAmazonで出品しているセラーが表示されます。ここで、出品者を登録しましょう。出品者登録は、最大10名まで一括でできます。それ以上は個別に出品IDを入力して登録することになります。これで、登録した出品者の出品商品の売れ行きをリサーチできます。

◀ プランにより異なりますが、最大で20,000件の商品情報が登録できます。

第6章 より大きく儲ける！売上拡大テクニック

ヤフオク!の外注化を検討しよう

Amazonがいくらかんたんに出品できるとはいえ、売れない商品もあります。やはり売れない商品を出品するのは効率的ではないので、商品のリサーチを行ってから販売しましょう。

Amazonに出荷を外注する

　Amazonには、フルフィルメント by Amazon（FBA）というAmazonの物流サービスがあります。これは、Amazonが運営する倉庫（Amazonフルフィルメントセンター）に商品を納品すれば、Amazonで売れた商品をお客様に出荷してくれるサービスです。

　出荷作業は梱包資材の用意から、梱包の作業、伝票作成や送料の支払など多岐に渡り時間もかかります。しかし、**FBAサービスを利用すると、Amazonが発送にかかる作業をすべて代行してくれます**。また、梱包の品質はさすがで、あのきっちりとした梱包（ときに箱が大きすぎますが）でお客様の元に送ってくれるので、安心して発送を依頼できます。もちろん作業にかかる手数料は発生しますが、置き場所と時間の有効活用を考えると、利用しても十分に元は取れます。

　具体的な利用方法は、Amazonの出店サービスに申し込み、そのあと、FBAの利用登録を行います。あとは商品ごとに納品先が異なりますので、、Amazonの指示に従って所定の方法で納品すれば完了です。マニュアルも丁寧な作りで用意されているので、初めての人でも難なく登録できるでしょう。

「フルフィルメント by Amazon」
URL　https://services.amazon.co.jp/services/sell-on-amazon/soa-fba.html

▲ FBAサービスはAmazonのサービスですが、利用しない手はありません。

FBA マルチチャネルサービスで出荷する

　Amazon で売れた場合は Amazon から出荷してくれますが、**実はヤフオク！で落札された商品でも Amazon の倉庫から出荷することが可能**です。これは FBA サービスのうちの 1 つで、**「FBA マルチチャネルサービス」**といわれるサービスです。これを利用すると、Amazon 以外のヤフオク！や楽天市場、Yahoo! ショッピングなど、**どこで売れても Amazon が発送作業をしてお客様のもとに送ってくれます**。一部の商品は Amazon の箱で送られてしまいますが、Amazon に連絡すれば無地の箱で発送してもらうこともできます。無地の箱であれば「ヤフオク！で買ったのに Amazon から届いた」という問い合わせもなくなります。

◆FBAマルチチャネルサービスのメリット

　とくに FBA マルチチャネルサービスを使うメリットとしては、**送料が全国一律であ る**ところです（一部離島などで配送不可地域があります）。個人で発送する場合は、地域ごとに料金が設定されていて、遠方になると商品サイズによっては 4,000 円ほどになることもあります。これは極端な例だとしても、ヤマト運輸の宅急便で 100 サイズを関東から沖縄に送った場合、1,620 円もかかります。それが、FBA マルチチャネルサービスの場合、出荷作業手数料と発送手数料のみで送ってくれるのはとてもありがたいことです。ヤフオク！で出品する際に「送料無料」と謳うこともできます。

　このようにして、ヤフオク！と Amazon で併売しても、出荷を全部 Amazon に依頼すれば、発送にかかる手間がなくなるので、空いた時間を商品のリサーチや出品作業にあてたり、自分の時間を増やすこともできます。

「FBA マルチチャネルサービス」
URL　services.amazon.co.jp/services/fulfillment-by-amazon/other-services.html

◀ Amazon のサービスですが、ヤフオク！など Amazon 以外のショップでも活用できます。

> ◆MEMO◆　**代金引換の利用も可能に**
>
> FBA マルチチャネルサービスを使うことで、個人ではなかなか契約が難しい、代金引換も利用することができます。代金の回収、口座への振込も Amazon が行ってくれるので、ヤフオク！の決済方法でライバルと差を付けるポイントの 1 つになります。

第6章 より大きく儲ける！売上拡大テクニック

不良品や不良在庫を現金化しよう

しっかり調べたつもりでも、どんなに思い入れのある商品でも、ときにはまったく売れない商品になってしまうことがあります。そのようなときには、思い切って現金化してしまいましょう。

とにかくお金に変える・処分する

　いくら思い入れのある商品でも、売れない商品は売れません。リサーチを完璧にしたつもりでも、間違うことはあります。そのようなときは、売れない商品に一定の区切りを付けます。在庫として抱えていてもなかなか売れないので、それよりも現金化をして新たな商品を仕入れられる資金を作ったほうが、利益につながります。売れない商品を売れるようにするのは至難の業です。そこに挑戦するよりも処分して、次のステップに移ってください。**お金に変える、処分する判断基準は仕入れてからの日数**です。仕入れてから何日経過したのかで判断をします。一般的にこの業界では**30〜45日（8〜12回転）くらいが平均的**といわれています。イメージ的には、クレジットカードで仕入れた場合、引き落としまでに商品が売れて資金が回収できるくらいの間隔（1〜1.5か月）です。とはいえ、45日を過ぎたらすぐに処分というのは、いくら何でも早すぎます。大まかですが、処分を検討していく期間を下記に載せるので、それに合わせて**値引き、セット売りなどの処分を検討**していってください。商品にはこのようなパターンがあります。この死に筋に当たる商品は、処分の対象になります。

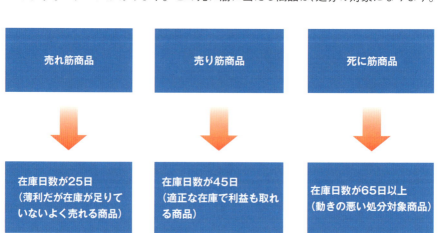

▲ 目標在庫日数が45日（年間8回転）の場合は、このように考えます。

2：6：2の法則で不良在庫の発生を割り切る

「2：6：2の法則」は、商品の売れ行きの傾向を表した法則です。具体的には、**2割のよく売れる商品、6割のそこそこ売れる商品、2割の売れない商品に分類される**というものです。不良在庫がある程度発生してしまうのは、いたし方ないことですが、不良在庫はできるだけ少なくするべきで

▲ 不思議と2割は不良在庫が出てしまうものです。

すし、発生してしまったら速やかに現金に換えていかなくてはなりません。そう考えてしまうと仕入れに躊躇してしまうかもしれませんが、仕入れがなければ利益も生まれないので、**2割の不良在庫は出るものだと割り切って**、もし発生しても粛々と現金化するくらいの気持ちで取り組んでいきましょう。

80：20（パレート）の法則とロングテール

「80：20（パレート）の法則」とは、**取り扱い商品の上位20％が売上の80％の売上を作っているという法則**です。この法則に従えば、よく売れる主力商品に集中することで売上が上がります。それに対して「**ロングテール**」とは、**販売機会の少ない商品でも数をたくさん持つことで、全体としての売上を上げていく方法**です。80：20の法則とは真逆の方法です。

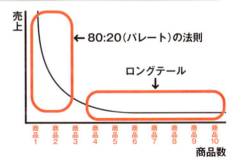

▲ 80：20の法則とロングテールの違いです。

どちらも売上を上げていく手法で、どちらがよいというわけではなく、方法論の問題です。とにかく売れる商品を扱うのが鉄則なことに変わりはありません。毎月10個でも1個でもコンスタントに販売できれば、それは「売れる商品」です。たとえば毎月10個売れる商品を5個揃えて月間50個を販売するのか、毎月1個売れる商品を50商品用意して月間50個を販売するのかの違いです。商品単価が同じであれば同じ売上になるので、品目数を集中して少数精鋭で販売していくのか、多品目を扱い幅広い商品で売っていくのかの違いです。初めのうちは気にしなくても構いませんが、将来的にどちらの方法を目指すのかはイメージしておいてください。

第6章 より大きく儲ける！売上拡大テクニック

確定申告について把握しておこう

★売上拡大テクニック

確定申告とは、収入・支出状況などから所得を計算して納付すべき所得税額を確定することです。ヤフオク!で販売して利益を得れば、もちろん申告をしなければいけません。

確定申告の基礎知識

　確定申告とは、収入・支出状況などから所得を計算して納付すべき所得税額を確定することです。ここでいう**収入とは、売上（落札金額の合計）**になります（Amazonの場合は、売上からAmazonの手数料を引いた額が収入となります）。また、ここでいう**所得とは、収入から商品原価と諸経費を引いた額**です。

◀所得の計算式はこのようになります。

　この所得が、サラリーマン、パート、アルバイトなどお給料をもらっている人（給与所得者といいます）は1年間で20万円以上、そのほかの人は38万円以上あれば、確定申告をしなければなりません。ここでいう1年間とは、その年の1月1日から12月31日までの期間です。この期間に上記の所得があれば、自分で所得税の納税額を算出して支払します。所得の額によっては支払いがない場合もあります（P.203参照）。

「確定申告特集｜国税庁」
URL https://www.nta.go.jp/tetsuzuki/shinkoku/shotoku/tokushu/index.htm

◀最近はインターネットで提出することもできます。

青色申告とは

副業などの所得を、事業所得として青色申告として確定申告します。確定申告の方法のうちの1つの青色確定申告について、そのメリットとデメリットとを解説します。

◆青色申告のメリット

青色申告のメリットは、下記の4つになります。

1. 控除が受けられる
2. 家族の手伝いを経費として計上できる
3. 給与と事業の損益を合算して所得税の計算ができる
4. 家賃などを経費として計上できる

まず1つ目に**控除が受けられる**ということですが、この基準となる額は青色申告特別控除（65万円）と基礎控除（38万円）を合わせた額、つまり103万円です。つまり、所得が103万円以下であれば所得税を払う必要がありません。

次の点ですが、これは**家族に業務を手伝ってもらった際に給与を支払った場合、それをすべて経費として計上**することができます。ただし、配偶者控除・配偶者特別控除・扶養控除が給与の額に関係なく受けられなくなってしまいますし、給与が高すぎると扶養から外れてしまうかもしれませんので、この部分は注意が必要です。そのほかには源泉徴収する義務が発生する可能性もあります。

3つ目は**所得税を計算するときに給与と事業の損益が合算できる**ということです。たとえば、給与所得があっても事業がマイナスであれば、給与から天引きされた所得税の還付や、ほかの事業で発生した所得税の減額ができることがあります。

最後に、**部屋の家賃、水道光熱費、車のガソリン代など事業に使った割合の分を経費として計上することができる**ということです。もちろん事業専用であれば全額を経費にできます。

仕入れ時に発生した交通費	インターネット利用料	宅配便などの送料
荷造りで使ったテープや箱代	文具代やパソコン備品代	

→ 経費として計上できる

▲ これらも経費に計上することができるので、領収書は保管しておきましょう。

◆青色申告のデメリット

青色申告のデメリットは、下記の2つになります。

1. 税務署への開業届提出が必須
2. 複式簿記の記帳が必須

　青色申告のデメリットとしては、まず、**地元税務署への開業届の提出などの手続きが必要**です。基本的に開業後1カ月以内に郵送または持参で提出する必要があります。また、青色申告特別控除（65万円）を受けるには、**複式簿記の記帳が必要**となっています。これは所得が（赤字を含めて）20万円以下であっても、確定申告をしなければなりません。ただし、廃業届を出せば義務はなくなります。

◆不明な点は税務署に相談する

　こうやってみると難しく思うかもしれませんが、わからないことは税務署に聞くのが一番早くて的確です。全国の税務署は、国税庁のサイト（http://www.nta.go.jp/soshiki/kokuzeikyoku/chizu/chizu.htm）で調べることができます。意外と親切に教えてくれるので、利用するとよいでしょう。とくに、確定申告は提出期間が決まっていますが、その時期には相談会をやってくれたり、臨時で税理士さんや会計士さんが対応してくれることもあります。また、全国で無料相談会が開催されているので、検索サイトなどで「確定申告　無料相談」と検索してみてください。

　たくさん稼いで気持ちよく税金を納めましょう。

「確定申告書等作成コーナー｜国税庁」
URL　https://www.keisan.nta.go.jp/h27/ta_top.htm#bsctrlshinkoku/shotoku/tokushu/index.htm

◀ 平成26年の例ですが、ここから作成、途中での保存から再開、過去に作成した申告書の利用などさまざまな方法で確定申告書の作成ができます。

第7章

海外からも買える！さらなる商品仕入れテクニック

Section 081	海外仕入れのメリットを知ろう ……………………………………………… 206
Section 082	eBayで商品を仕入れよう ………………………………………………… 208
Section 083	Amazon.comで商品を仕入れよう ………………………………………… 214
Section 084	転送業者を利用してeBayやAmazon.comで商品を仕入れよう… 216
Section 085	タオバオ・アリババで商品を仕入れよう ……………………………… 220
Section 086	代行業者を利用してタオバオ・アリババから仕入れよう …………… 224
Column	輸入品には日本語説明書を付けよう ……………………………………… 228

第7章 海外からも買える！さらなる商品仕入れテクニック

Section 081

海外仕入れの メリットを知ろう

★海外仕入れテクニック

仕入れ先は国内に限ったことではありません。日本では高値で販売されていても、海外では驚くほど安かったりすることがあります。差額がある＝利益が出るチャンスです。海外からの仕入れにチャレンジしましょう。

海外で安く買って日本で高く売るビジネスモデル

　海外旅行へ行く友達に、バッグやアクセサリを買ってきてもらっている人を見たことがあるかもしれません。なぜそのようなことを頼むかといえば、理由は「安い」または「そこでしか買えない」からです。買う側の目線で考えれば、安く買えてお得、ということになりますが、売り手からすれば「海外で購入した商品を日本で販売」すれば差額が生まれる、つまり利益が出ることになります。「安く買って高く売る」と非常にシンプルなビジネスモデルです。海外からの仕入れから日本での販売まですべてインターネットを使えば、自宅で完結します。海外へは誰でもいつでも行けるわけではないので、海外の商品をほしがっている人は日本にたくさんいます。あなたはその人々に代わって**海外から商品を買ってきてあげ（仕入れる）、そしてほしい人のもとへ届ける（販売する）**だけで利益を得ることができます。

▲ 左が eBay での販売価格（304.99USドル＝約 34,000 円）、右が実際にヤフオク!で落札された価格（100,000円）です。

▲ 左が eBay での販売価格（96USドル＝約 10,000 円）、右が実際にヤフオク!で落札された価格（25,500 円）です。

海外仕入れのメリットを把握する

では、わざわざ海外から仕入れるメリットについて、もうすこし細かく考えてみましょう。

◆ 競争を避けられる

海外仕入れを実践している人は一時期増えましたが、そのあと減っています。そのため、出品者にとってはもっとも避けたいリスクである**価格競争や商品の過剰供給などの影響は、現在は受けにくくなっています**。

◆ 言語の壁を逆手に利用できる

国際社会といわれて久しいですが、日本ではまだまだ英語アレルギーの人が多くいます。また、実際に海外からの仕入れに挑戦しようとしても英語を見るだけでフリーズしてしまう人がいます。海外からの仕入れになるのでかんたんな英語力は必要ですが、実は仕入れ先の海外ショッピングサイトは非常にシステマチックな作りになっているので、大した英語力は必要としません。こういった事実を知らない人が多いため、海外からの仕入れに躊躇したりします。この**「言語」が参入障壁となってくれている**のです。

国内の仕入れは、言語も感覚も比較的共通している日本人が相手なので非常に気が楽ですが、その分、海外仕入れ以上に誰でもできてしまいます。海外仕入れは国内仕入れよりも新規参入者が増えにくい傾向にあります。今の段階での参入もまったく遅くありませんし、海外仕入れにはさまざまな方法があるので、今のうちにチャレンジしてください。大きな利益を掴むチャンスです！

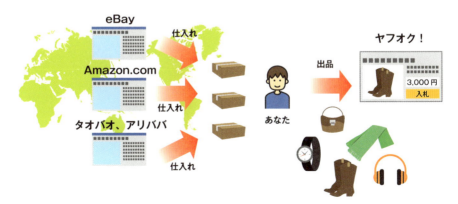

▲ 輸入には大きなチャンスがあります。

第7章 海外からも買える！さらなる商品仕入れテクニック

Section 082 eBayで商品を仕入れよう

★海外仕入れテクニック

eBayはアメリカのオークションサイトで、25か国以上に展開している世界最大級の物販サイトです。このeBayの登録方法や、リサーチ方法などをここでは解説していきます。

eBayへの登録を行う

　海外から個人が商品を仕入れるのに最適なサイトは「eBay」（http://www.ebay.com/）です。利用するには、eBayアカウントとPayPalの登録を行いましょう。Sec.039で解説したセカイモンを介して購入するよりも、**直接買うことで、手数料がない分、安く購入できます。**なおPayPalとは、**eBayのオンライン決済システム**で、eBayでの購入には登録が必須です。

◆eBayのアカウントを開設する

　まずはeBayのアカウントを作るところから始めましょう。eBayのトップページの左上＜Sign in or register＞からアカウントを開設します。画面上の＜Register＞をクリックしてメールアドレスやパスワード、氏名、携帯電話番号を入力し、＜Register＞をクリックします。登録したメールアドレスに本登録用URLが記載されたメールが届くので、記載URLへアクセスし、希望するユーザーIDを入力してアカウント登録が完了します。登録後、トップページの＜My eBay＞から住所の登録などを忘れずに行いましょう。

◀ eBayのアカウントの登録画面です。

◆PayPalアカウントを開設する

　トップページの＜My eBay＞→＜PayPal Account＞→＜Sign Up＞をクリックして、PayPalのアカウントを開設します。国や住所、携帯電話番号、生年月日、PayPalに登録するメールアドレスとパスワード、クレジットカード情報などの必要項目を入力して登録します。7日前後でヤフオク！同様、本人確認書類が送付されるので、記載されている暗証番号を登録すると、利用ができるようになります。

◀ 海外サイトでのショッピングなので、パスワードは強固なものを利用しましょう。

商品をリサーチして eBay で仕入れる

オークファン（Sec.030 参照）で、過去にヤフオク！で売れた商品のうち、海外から仕入れられる商品をリサーチします。過去に売れた実績があれば、同価格帯で出品できる可能性が高く、在庫リスクを抑えられる利点があります。

◆「海外限定」などのキーワードで検索する

まずはじめに、キーワードで検索します。海外から仕入れ日本で売れる商品ということは、海外にしかない商品、海外の限定品などそこでしか手に入らないものになります。ヤフオク！に出品する際にはその部分はアピールポイントになるので、「海外限定」「日本未発売」「世界限定」のような文言が商品タイトルに入っていることが多いです。ただし、このようなキーワードであっても過去の落札が1件ではたまたまかもしれないので、最低限複数個落札されているものを探しましょう。できれば1ヶ月で3個以上落札されている商品が理想です。

◆利幅を考え価格帯を絞って検索する

上記のキーワードで複数個売れていることも重要ですが、もう1点重要なポイントがあります。それは価格です。いくら海外限定でも数百円や 5,000 円以下の商品では、たくさん売る必要がありますし、利幅も小さくなってしまいます。できれば 20,000 円以上で販売されているものが理想です。そのくらいあれば、数千円〜、場合によっては 10,000 円前後の利益を得ることも可能です。

◀ 価格帯絞り込みの例です。

◆ 落札価格とeBay販売価格の差を確認する

　P.209の方法で「海外限定　NIKE　AIR MAX 2　CB」というキーワード検索で見つけた商品は、ヤフオク！で新品で22,000円、中古でも20,000円オーバーですが、eBayで検索してみると新品を16,000円強（送料別）で買うことができます。

▲ eBayで約16,000円で販売されているスニーカー（写真左）が、ヤフオク!では22,500円で落札されていました。

◆ 送料・手数料を確認して仕入れ判断をする

　これに送料手数料が加算されますが、まずは直接日本に送れる商品か確認します。この商品は「Shipping: May not ship to Japan.」、つまり日本には送れませんとあるので、直送はできないようです。こういった場合は直送を依頼するか、転送業者を使います（Sec.084参照）。なお、日本に送れる場合は「Ships to:Worldwide」となっています。

　これらをふまえて、「商品代金＋日本までの送料＋関税＋消費税＋ヤフオク！の販売手数料 5%」で計算して、ヤフオク！の落札価格以下であれば仕入れましょう。ヤフオク！での売価はあらかじめわかっているので、それに見合う商品を探す、まるであと出しジャンケンのような仕入れ方法です。リスクが抑えられるという意味はこういうことなのです。

◀ 商品ページでの送料・手数料を確認しましょう。

オークション、即買いなど4種類の購入方法

eBayはオークションサイトです。オークションの種類を知っておきましょう。

◆Place bid

いわゆる入札のことで、**現在価格以上の金額で入札**を行います。最高入札者になれば購入の権利が得られます。そのまま終了すれば購入ができますが、高値更新をされた場合は再入札か、諦めるかの判断が必要です。ヤフオク！と大きく異なる点は自動延長がありません。終了時間がくるとそのまま終了するので、終了時間間際がとても重要で緊張します（入札忘れを防ぐツールもあります）。

◀ Place bid（入札）の例です。

◆Make Offer

値下げ交渉です。ヤフオクと同じく、希望価格を連絡して出品者がOKであればその価格で購入できます。

◆Buy It Now

即決です。表示された価格で入札するとその時点で落札となり商品を購入できます。

◆Add to cart

これはeBay独特のしくみで、**とりあえずカートに入れる**機能です。買い回りや同一出品者の他の商品を見たい時に、1件ずつ決済するのではなくまとめて決済するためのカート機能があります。他の商品を見たいなど、決済まで間が空きそうな場合はカートに入れて商品を確保しておきましょう。

◀ Make Offer、Buy It Now、Add to cartの例です。1つの商品でこのように複数の買い方オプションがある場合もあります。

過去相場の見かたとニセもの対策

◆過去相場をチェックする

eBayでも、商品が以前にいくらで売れたかを確認し、これから買おうとしている商品が妥当な金額か、もっと安く出る可能性があるかなどをチェックできます。商品を検索したら、左のサイドメニューの中にある「Show only」の中の「Sold listings」にチェックを入れると、過去に落札された商品の一覧が確認できます。期間は最大で過去90日までです。なお、「Completed listings」にチェックを入れると、落札されたものとされてないものの両方、つまり終了したものすべてが確認できます。これで過去の相場を見て、もっとも妥当な価格で仕入れることができます(オークファンでも同様のことができます。使いやすいほうで相場を確認しましょう)。

◀「Sold listings」にチェックを入れると、過去相場が確認できます。

◆ニセものに注意する

気を付けてほしいのは、「Item location」の欄が香港、中国、韓国(Korea, South)、シンガポールなど東南アジア圏の商品です。これらの地域はコピー品が多く出回る地域なので、アメリカやカナダなど無難な地域から買うのがベストでしょう。

ほかには、eBayにもヤフオク!と同じように出品者の評価がありますが、こちらをよく確認しましょう。評価が「Negative」(ヤフオクの悪い、非常に悪いにあたります)で、コメント欄にFAKEなどコピーを疑わせることが書かれているものは、避けるべきです。これという決め手はないので、総合的な判断をして、少しでも怪しいと思ったら買わない、それが自己防衛になります。疑わしいと思った段階でやめましょう。

◀ 韓国からの商品で相場よりも安く出品されています。

問い合わせ文例集

　セラーに質問をする場合などによく使うフレーズや内容を例文にしました。そのままコピーして使ってください。自分で文面を作る場合、とかくきれいな英語を作ろうとしてしまいますが、長い文章は翻訳サイトでもうまく翻訳できないことがあります。**相手に意思が伝わればよいので、言いたいことを箇条書きにしてから翻訳します**。そのほうがかえって簡素化されて、こちらの意図を明確に伝えることができます。

付属品はありますか？ yes の場合、すべてですか一部ですか？
Does the item have any accessories? If yes, can I get all of or part of them?

大きさは？（縦、横（幅）、高さ）
How big is the item? (length, width and height)

サイズは？
What is the item size?

重量はどれくらいですか？
What is the weight of item?

オリジナルのパッケージはありますか？
Is the package for the item an original?

素材は何ですか？
What is the item material?

同じものをいくつか持っていませんか？
Do you have any more items similar to this?

2個以上買ったら割引はありますか？
Is there a discount if I buy two or more?

日本にアイテムを送ることができますか？
Could you send the item to Japan?

もっと安い送料やそのほかの方法はありませんか？
Is there any other option for shipping which is cheaper than this?

保険付き配送の送料を教えてください。
Let me know the price for shipping with insurance.

厳重に商品を梱包してください。
Please strictly packing the goods.

商品がまだ届きません。商品の到着はいつ頃になるか教えてください。
Product not arrived yet. Please let us know the arrival of the goods is when becomes the time.

アイテム到着しました。円滑な取引でした。ありがとうございました。
Item has arrived. It was a smooth transaction. Thank you.

商品が壊れていました。
Products was broken.

間違った商品が届きました。
The wrong item has arrived.

第7章 海外からも買える！さらなる商品仕入れテクニック

Section 083

Amazon.comで商品を仕入れよう

★海外仕入れテクニック

eBayは巨大なショッピングモールですが、アメリカからの仕入れはeBayだけではありません。日本でおなじみのAmazonが、アメリカにあります。ここではアメリカのAmazonについて解説します。

◆ Amazon.comへの登録を行う

eBayと並ぶアメリカの巨大ショッピングモールサイトが「Amazon.com」（http://www.amazon.com/）です。日本と同じで配送までのスピードが速いので、導入しやすい仕入れ先です。サイトの作りも日本版と変わらず、登録もしやすいです。

◆Amazon.comのアカウントを開設する

はじめにトップページの画面右上にある＜ Hello. Sign in Your Account ＞→＜ Create an account ＞を順にクリックして登録を開始します。氏名とメールアドレス、パスワードを入力すると、アカウントの登録が完了します。

アカウントを作成したら、次は支払い先と商品の配送先（住所）の登録です。トップページの画面右上の「Hello, ○○」の下にある＜ Your Account ＞にマウスカーソルを合わせ、＜ Your Account ＞をクリックします。「Payment Methods」の下にある＜ Add a Credit or Debit Card ＞をクリックして、クレジットカード情報を入力して支払い先を登録します。次に配送先（住所）を登録し、最後に＜ Save this address ＞をクリックして登録が完了します。これでAmazon.comで商品を買うことができるようになりました。

▲「Address Line1」に番地、マンション名、「Address Line2」に町名、「City」市や郡（区）名、「State」に都道府県名、「ZIP」に郵便番号を入力しましょう。

商品をリサーチして Amazon.com で仕入れる

Amazonを使ったリサーチは、以下の手順で行います。基本的な流れはeBayで仕入れる前のリサーチ（Sec.082参照）と変わりません。

1. ヤフオク！で売れているかをオークファンなどでリサーチする
2. Amazon.com に該当商品があるかリサーチする
3. 商品の価格差を確認する
4. 購入する

● Amazon.com で商品を仕入れる

❶ Amazon.comにアクセスし、検索ボックスにキーワードを入力して商品を検索します。左のサイドメニューに「International Shipping」と出ることがあり、「Ship to Japan」にチェックを入れると、日本に発送可能な商品のみに絞り込むことができます。気になる商品をクリックします。

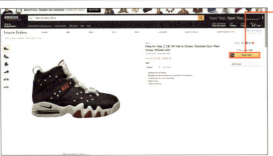

❷ 日本のAmazonと同じ画面構成となっています。購入する場合は＜Add to Cart＞をクリックし、＜Proceed to checkout＞（レジへ進む）をクリックしてパスワードを入力し、＜Sign in＞をクリックします。

❸ 配送先や支払い先、商品情報などを確認し、問題なければ＜Place your order＞をクリックして注文完了です。

第7章 海外からも買える！さらなる商品仕入れテクニック

Section 084

★海外仕入れテクニック

転送業者を利用してeBayやAmazon.comで商品を仕入れよう

eBayやAmazon.comでは、日本に商品を発送してくれないケースがあります。そのような場合は転送業者を利用することで、日本へ商品を転送することが可能になり、問題なく購入することができます。

転送業者とは

　転送業者とは、eBay や Amazon.com などで日本へ配送が不可の商品について、いったん海外の住所（転送業者が指定する住所）へ商品を送ってもらい、そこを経由し日本へ送ってくれる業者のことです。費用はかさみますが、**普通なら購入できない商品も購入が可能**になります。

◀ 転送業者を利用した仕入れにかかる費用は、商品代金、国際送料、転送業者の利用料、関税です。

　日本語で対応してくれるところや価格が安いところなど転送業者はいろいろあり、初めて利用する人はどこを利用すればよいのかわかりにくいです。そこで本書では、メジャーな転送業者の１つ、**「輸入com」**を紹介します。輸入com では会員登録することで、**アメリカの住所、メールアドレスが入手でき**、eBay や Amazon.com で日本に送ってもらえない商品を購入する際には、その住所を利用します。

「輸入 com」
URL http://www.u-new.com/

◀ 輸入 com では、商品が１つでも複数をまとめてでも、日本へ転送してくれます。

輸入 com に会員登録する

輸入 com を利用するには、入会金（3,065 円税込）、月額利用料（3,065 円税込）などがかかります。また、月額利用料については初月無料キャンペーンを行っており、入会後 1 ヶ月は発生しません（転送費用は別途必要）。なお、入会金については本書の購入者には特典があります。詳しくは P.12 を確認してください。

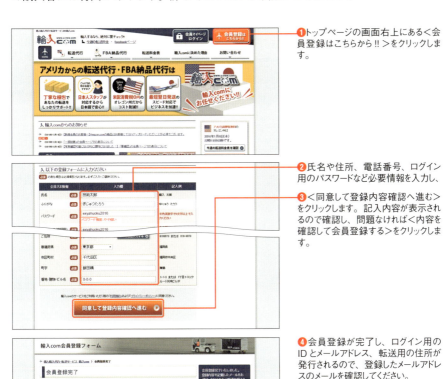

❶トップページの画面右上にある＜会員登録はこちらから!!＞をクリックします。

❷氏名や住所、電話番号、ログイン用のパスワードなど必要情報を入力し、

❸＜同意して登録内容確認へ進む＞をクリックします。記入内容が表示されるので確認し、問題なければ＜内容を確認して会員登録する＞をクリックします。

❹会員登録が完了し、ログイン用の ID とメールアドレス、転送用の住所が発行されるので、登録したメールアドレスのメールを確認してください。

サービス開始にあたり、運転免許証のコピーなど本人確認用書類の送付が必要となります。また、入会金の支払いも必要ですので、クレジットカードまたは銀行振込で入会金を支払います。これらの準備が完了しない場合、転送の依頼をしても商品は手元に届きませんので、早めに済ませましょう。そのほか、会員登録完了メールの指示に従いすべての準備を完了させてください。

輸入 com を利用して仕入れを行う

　最初にログインしたら、転送に必要な個人情報を登録しましょう。登録後に会員ページへログインすると、入荷予定の商品や入荷済みの商品の出荷指示などが行えるようになります。下記の MEMO では**ある程度まとまってから出荷指示を出すことがコツ**と解説していますが、このページでどのくらいまとまったのかを見て出荷指示を出すようにしてください。

▲ 会員ページですべての作業が確認、実行できます。

▲ 入荷済み、入荷予定の確認も会員ページから確認できます。

　Amazon.com で購入した場合は、**購入のデータを CSV でアップロードする必要**があります。データのダウンロード方法やアップロード方法はマニュアルが用意されており、問題なくアップロードはできるでしょう。この作業を忘れると「要確認荷物」となってしまい、1 件あたり 324 円（税込）の手数料が発生してしまうので要注意です。

◀ Amazon.com での購入は CSV でのアップロードが必要です。

◆ **MEMO** ◆ 転送費用を抑えるテクニック

　転送の費用は、送る箱のサイズ、重量で変わります。商品 1 個で転送するより 10 個 20 個とまとめ送ったほうが、1 個当たりの送料を安く抑えられます。そのため、ある程度の個数をまとめてから転送指示を出すのがよいでしょう。また、重い商品と小さくて軽い商品を合わせてたくさん入れるのも、送料を抑えるテクニックの 1 つです。

そのほかのおすすめ転送業者を利用する

◆スピアネット

日本語で対応してくれるのが心強い業者です。個人輸入ビジネスが広まったころから転送業者として事業をしている老舗です。サービス面での安定感があります。

「スピアネット」
URL https://www.spearnet-us.com/

◆MyUS.com

こちらも非常に有名な転送業者で、価格に定評があります。たくさんの輸入ビジネス実践者が利用していますが、難点はサイトが英語表記であり、サポートも英語のみのため、英語が苦手な初心者にはややハードルが高いことです。

「MyUS.com」
URL https://www.myus.com/

◆ハッピー転送

海外輸入ビジネス実践者が、感じていたストレスを解消するために立ち上げた転送業者です。2つの有料サービスプランが用意され、仕入れ量に応じで最大限に転送費用が抑えられます。また、スピードの面でもおすすめできます。海外仕入れは旬な商品を扱うことが多くあり、できるだけ現在の相場で販売したいと出品者は考えます。よい商品を見つけても輸入して手元にきたときには相場が崩壊していた……ということも解消してくれる、頼もしい存在です。立ち上げメンバーには筆者がオークファン時代にお世話になった方もおり、安心して紹介できる転送業者の1つです。

「ハッピー転送」
URL http://happytenso.com/

第7章 海外からも買える！さらなる商品仕入れテクニック

タオバオ・アリババで商品を仕入れよう

★海外仕入れテクニック

海外からの仕入れ先はアメリカだけではありません。ここからは中国のタオバオ、アリババというインターネットのショッピングモールサイトを使った仕入れについて、解説します。

◆ タオバオ・アリババとは

「タオバオ（淘宝網）」(http://world.taobao.com/)とは、中国の超巨大インターネットマーケットプレイスです。日本でいえば、楽天市場やヤフオク！のような存在で、個人やショップが出品しています。それに対して、アリババ（阿里巴巴）」(https://www.1688.com/)は、企業向けのマーケットプレイスで、ネット問屋の要素を持ちます。ともにアリババグループが運営しています。

「タオバオ（淘宝網）」
URL http://world.taobao.com/

「アリババ（阿里巴巴）」
URL https://www.1688.com/

価格はタオバオよりもアリババのほうが安い傾向がありますが、ロット数が指定されていることが多く、少なくても3個程度から、多いときには1,000個単位というところまであります。ロット仕入れはある慣れてからのほうがよいですが、このタオバオやアリババから商品を仕入れて、日本に輸入して販売するというのが大きな流れになります。もちろん、何を仕入れてもよいわけではないので、売れる商品を探さなくてはなりません。中国からの仕入れもeBay（Sec.082参照）やAmazon.com（Sec.083参照）などアメリカからの手順と大きな違いはなく（下記参照）、輸入する対象の国が異なるだけです。

1. ヤフオク！で売れている中国の商品をオークファンなどでリサーチする
2. タオバオやアリババで該当商品があるかリサーチする
3. 商品の価格差を確認する
4. 購入する

◆ **中国語の壁は翻訳サイトで対応する**

　タオバオもアリババも中国のサイトなので表記は中国語です。しかし、英語同様にインターネット上で無料で翻訳ができます。たとえば「Google 翻訳」(https://translate.google.co.jp/?hl=ja) や、「エキサイト翻訳」(http://www.excite.co.jp/world/) といった翻訳サイトがあり、たいていはこの２つで翻訳できてしまいます。

「Google 翻訳」
URL　https://translate.google.co.jp/?hl=ja

「エキサイト翻訳」
URL　http://www.excite.co.jp/world/

中国輸入のメリット・デメリット

◆ **メリットは「利益率の高さ」「継続販売」「低資金で可能」**

　中国輸入もっとも魅力的なところは、**利益率の高さ**です。中国輸入では、粗利益率が70%、80%も珍しいことではなく、中には90%を超えるような商品も存在します。この圧倒的な利益率が中国輸入最大のメリットです。1点当たりの販売価格は欧米輸入と比較すると劣ってしまいますが、それを利益率の高さでカバーしています。欧米輸入が利益額の高さで稼ぐのに対して、中国輸入は利益率の高さで稼ぐモデルです。

　また、ノーブランドの商品であるため、定期的な仕入れが可能で、継続的に販売でき、一度売れた商品が何度も売れていく傾向があります。そのため、**同じ商品を長く販売できます**。

　最後のポイントですが、商品単価が低いので欧米輸入に比べて**比較的低資金で始めることができます**。最小では5万円程度から始められますので、初期の段階でまとまった資金が必要ないのもメリットです。

◆ デメリットは「ニセもの・コピー品」「不良品」

　デメリットはといえば、「ニセもの・コピー品」です。残念ながら、タオバオに出ているメーカー品、ブランド品の99％はニセもの、コピー品です。こうなると、中国輸入ではブランド品が扱えないということになってしまいます。ノーブランド品のみを取り扱っていきましょう。

　もう１つは不良品が多いということです。大手企業のように現地へ行って品質管理の指導などはできません。ですので優良なショップを選ぶことで、できるだけ不良品や粗悪品のリスクを下げるという方向で努力します。それでも不良品が発生してしまった場合は、捨てるか、わけあり品（ジャンク品）として出品してお金に変えるかしかありません。交換の交渉を行っても、中国から手元に届くまでにすでに返品期間を過ぎていることがほとんどで、交渉できなかったり、交換できても送料が自己負担だったりして結局費用がかかってしまうからです。ただし、捨てる（わけあり品として出品する）にしても低単価なので、大きな損失にはなりません。

タオバオ・アリババでリサーチする

　リサーチ方法はタオバオ、アリババともにほぼ同じです。違いは冒頭で解説したように、ロットの有無です。以下の商品を参考にリサーチを解説します。

◀ アンティーク調の置き時計の商品を例に解説していきます。

　タオバオで検索するためには、まずはキーワードを中国語にしなければなりません。タイトルをそのまま翻訳しても不要な語句があり、うまく翻訳検索ができないので、商品の特徴を表したキーワードをピックアップして翻訳しましょう。ここでは、「アンティーク」「自転車」「置時計」になります。さらに絞るのであれば、「自転車」と「置時計」です。まず、この２語を翻訳します。翻訳は、ここではエキサイト翻訳を利用します。すると、自転車は「自行车」、置時計は「座钟」と翻訳されました。

◀「エキサイト翻訳」で翻訳すると、すぐに中国語での表記がわかります。

翻訳したキーワードを、タオバオで検索します。検索結果の一覧を見たところ、P.222の出品商品と同じ画像のものがありました。

◀ タオバオで「自行車」「座鐘」と検索したところ、同じ商品が販売されていました。

商品説明を確認しましたが、サイズなども同じなので間違いないようです。もし、100点を超える大量の商品が検索された場合は、検索語句を1つずつ追加して絞り込んでいきましょう。

商品が見つかったら、価格を確かめ、仕入れるかどうか決めましょう。

◀ ヤフオク!で2,500円で落札された商品は、タオバオでは、38元＝約660円ほどで仕入れることができます。

◆MEMO◆ **ショップの評価で取引するか判断する**

商品ページの画面右にあるダイヤモンドやハート王冠のアイコンは、ショップの評価です。ランクが低い順番に、ハート、ダイヤ、王冠のそれぞれ5段階あります。ハート1個がもっとも低く、王冠5個が最高です。評価が高いほど優良なショップといえます。仕入れは必ずダイヤ2個以上のショップにしてください。評価がハートのショップは対応が悪かったり、商品が粗悪品だったりします。価格だけで判断せず評価も見て仕入れ先を決めましょう。

第7章 海外からも買える！さらなる商品仕入れテクニック

代行業者を利用してタオバオ・アリババから仕入れよう

★海外仕入れテクニック

中国から商品を仕入れる場合、eBayやAmazon.comのように直接注文することができません。そのため、代行業者を使うことが一般的です。ここでは、概要やかかる費用などを解説します。

代行業者を利用した中国輸入の流れ

中国のネットショップから、直接仕入れるのは困難です。現地住所や特有の決済方法を用意する必要があり、これが大きな壁となっています。そこで、**中国輸入の代行業者を利用**して仕入れを行います。タオバオやアリババでは、商品を調べることだけを行います。代行業者を利用しての仕入れは、**業者**にもよりますが、基本的には以下のような**流れ**で行います。

1. 代行業者に購入希望商品を伝える
2. 見積もりの返信がくる
3. 見積もりに問題なければ代金を支払う
4. 商品の買い付けが行われる
5. 指定した日本の受取先に納品される

国際送料や関税などは仮計算の場合が多く、差額が出た場合は後日支払い（もしくは次回に相殺か返金）となります。決済は日本円で支払います。事前支払いと後払いがあり、支払い方法は銀行振込やクレジットカード、PayPalなどが一般的で、多いのは銀行振込の事前支払いです。

▲ 中国輸入は代行業者の利用が必須です。

代行業者を選ぶポイントとは

◆購入代行でかかる費用は業者により異なる

　代行業者に支払う代金は、商品代金、代行手数料、中国国内送料、国際送料、為替交換手数料、これに関税や消費税を加えた金額です。関税や消費税は納品時に配達員に支払う場合や、代行業者が立て替える場合、別途請求書にて支払う場合などがあります。代行業者を選ぶうえで費用面は重要な判断材料ですが、代行業者ごとに手数料の料金体系が異なります。初めのうちはいくつかの業者を併用して、**もっとも自分に合い、費用面で納得できるところ**を選びましょう。

◆対応力とサービス力をチェックする

　対応力（スピード）には2つの意味があり、1つは納品までのスピード、もう1つは問い合わせに対する回答のスピードです。このスピードが遅い代行業者は、サービス面でも劣ることが多いのでおすすめできません。

　サービス力が高い代行業者は、間違ってコピー品を発注してしまった場合にその旨をきちんと教えてくれたり、検品が無料であったり、破損などの場合にすばやくショップと交渉してくれたりと手厚いサポートがあります。

　費用面で甲乙付けがたい場合は、対応力とサービス力で選んでください。**対応が早いと余計な作業が減る**ので、リサーチに集中できます。

◆代行業者比較サイトで検討する

　中国輸入の代行業者は現在、100社以上あります。代行業者比較サイト「タオバオ通信」では、その中の一部の業者を比較できます。よさそうなところがあれば、発注する前に一度、問い合わせをしてみましょう。返答のスピードも1つの判断基準となります。

「タオバオ通信」
URL http://tobb.jp/

◀ 代行手数料のほかに日本事務所、中国事務所の拠点が表にまとまっており、比較できます。

代行業者に会員登録する

代行業者には、発注する場合に会員登録が必要な業者と、とくに必要がない業者があります。

●代行業者に会員登録する

❶ここでは「ライトダンス」(http://www.sale-always.com/) を例に紹介します。トップページの画面右上にある<会員登録>をクリックします。

❷氏名や住所、メールアドレスなど必要事項を入力します。

❸<確認画面へ>をクリックし、入力内容を確認して問題がなければ<確認画面へ>クリックします。手順❷で入力したメールアドレスにメールが送られるので確認し、記載URLにアクセスすると、本登録が完了します。

❹本登録が完了するとログインができ、発注などが行えます。「マイページ」では、過去の発注は現在の発注について経過の確認ができます。

> **MEMO 代行業者に発注する**
>
> 「ファーストトレード」(http://fast-trade.jp/) など一部の代行業者は、サイト上で発注できるシステムを導入していますが、一般的にはExcelファイルを使う方法が主流です。手順は専用のExcelファイルを代行業者のサイトからダウンロードし、発注する商品や配送先の住所など必要事項を入力します。ファイルを代行業者へメールで送信すると、発注が完了します。

おすすめの代行業者

100社以上ある代行業者から、筆者が実際に利用しているところや、中国輸入の仲間が使っていて評判がよく、実績のある代行業者を紹介します。

「ファーストトレード」
URL http://fast-trade.jp/

▲ 納品や対応のスピードが早く、丁寧です。ここの社長は常にお客様のことを考え信頼できる方です。

「ヤスタオ」
URL http://www.yasutao.com/

▲ 代行には珍しい感謝セール（中国内送料のキャンペーン）などを行うときがあります。

「たおばお★ナビ」
URL http://taobaonavi.com/

▲ オークファンのプレミアム会員であれば、手数料が割引されます。また、ここの社長も、真面目で真摯に対応いただける信頼できる方です。

「ひなか」
URL http://www.hinaka.jp/

▲ 筆者の中国輸入仲間の間で評判がよい代行業者です。たくさんの人から支持されているので、納品対応などは平均点以上あるでしょう。

「ライトダンス」
URL http://www.sale-always.com/

▲ 重量のある商品を輸入するときに、こちらを使うことがあります。運営は中国の方ですがコミュニケーションや指示など代行の依頼には問題ない語学レベルです。

「タオバオさくら代行」
URL http://www.sakuradk.com/

▲ 元中国輸入実践者が運営側にいます。また、中国輸入の実情や動きの情報にも精通しており、納品のスピードも問題ないレベルです。

今回は事前に各業者に交渉し、この本をお買い上げいただいた方に特別な特典を付けていただくことができました。詳しくはP.12を参照してください。

ファーストトレード：筆者にお問い合わせください
ヤスタオ：発注手数料特別割引（専用発注シートが必要）
たおばお★ナビ：初回はオークファンプレミアム会員向け特別手数料の適用
ひなか：初回発注手数料が無料
ライトダンス：初回発注手数料及び、2回目の発注手数料が無料
タオバオさくら代行：初回発注手数料が無料

輸入品には日本語説明書を付けよう

　並行輸入品を落札しても、理解できない言語の説明書では使い方がわからず、機能を十分に使いこなせなかったり、万一の場合は故障させてしまうかもしれません。多くの人が安価な並行輸入品よりも、少々高価でもしっかりと日本語の説明書がある国内正規品を選ぶのにはそのような理由があります。反対の見方をすれば、並行輸入品であっても日本語の説明書があれば、この不安を解消できるはずです。

◆落札価格にも影響が出る

　このような背景をもとに同じ並行輸入品を出品した場合、日本語説明書の「あり」と「なし」が同時にあれば、「あり」のほうを選ぶ人が多くいても不思議ではありません。下の商品では、日本語説明書のない商品は高くて42,800円、中には40,000円を切っている商品もあります。一方、日本語説明書ありのほうは45,000円に迫る価格でした。これだけの効果があれば、作ったほうがよいのは明らかです。

　作り方はかんたんで、もとの説明書を翻訳してWordやExcelでまとめます。あとは、プリントアウトして商品と一緒に入れればOKです。もし、日本語の説明書がどんなものか見たい場合は、ヤフオク！で販売されている日本語説明書付きの商品を落札し、参考にして自分なりの説明書を作成しましょう。

　買う前には必ず過去の落札価格を確認し、割安な価格で落札してください。落札した商品は自分でそのまま使うか、不要な場合は出品してしまいましょう。相場はわかっているので、購入時とおおよそ同額で落札されるはずです。そうすればほとんど出費なしで参考用の日本語説明書をゲットできます。これだけの手間をかけても、落札率・落札額に関わるので、同じ商品を何度も販売する場合はとくに作成するようにしてください。

▲ 商品説明でもアピールでき、ライバルとの差別化にもなります。

第8章 ヤフオク!で使える便利サービスで効率アップ!

Section 087	スマートフォンから手軽に出品しよう……………………230
Section 088	オークファンを利用しよう……………………………………236
Section 089	オークファンをさらに使いこなそう…………………………238
Section 090	オークファンプロを利用しよう………………………………246
Section 091	AppToolを利用しよう……………………………………………250
Section 092	のんきーどっとねっとを利用しよう…………………………252
Section 093	まだある!便利なヤフオク!関連サービス……………………258

第8章 ヤフオク！で使える便利サービスで効率アップ！

Section 087

スマートフォンから手軽に出品しよう

★便利サービス

ヤフオク!はスマートフォンからかんたんに出品ができます。操作方法も直感的なので、初めてでもスムーズに出品ができます。空いた時間、思いついたときなど、スマートフォン1台でササッと出品してしまいましょう。

スマートフォンから出品する

　iPhone や Android などのスマートフォンに「ヤフオク！」アプリをインストールすることで、手軽に出品できるようになります。スマートフォンからの出品で落札された場合には、出品者から連絡する必要はなく、あらかじめ登録した情報が相手に自動的に届くかんたん取引での出品となっています（Sec.016参照）。ここではiPhone を利用して解説します。

◆商品画像を登録する

　始めに、出品商品の商品画像の登録を行います。ホーム画面の「ヤフオク！」アプリのアイコンをタップして起動しましょう。商品画像は、「ヤフオク！」アプリに搭載されているヤフオク！カメラで撮影しますが、すでにスマートフォンで撮影済みの画像を利用することもできます。ヤフオク！カメラで撮影した画像はカメラ画面の右下から撮影した順に表示され、うまく撮れなかった場合は「×」をタップして削除できます。掲載できる枚数の3枚を撮影したら、＜完了＞をタップして次に進みます。

▲ ❶ホーム画面で、＜ヤフオク!＞アプリをタップして起動し、📷をタップします。

▲ ❷＜出品する＞をタップします。

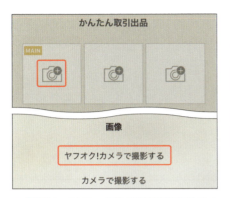 

▲ ❸📷をタップすると、画像の選択画面が表示されます。＜ヤフオク!カメラで撮影する＞をタップします。

▲ ❹画像を撮影し、＜完了＞をタップします。

◆商品タイトル、商品説明を作成する

　商品画像を登録すると、商品タイトルの入力欄や、「カテゴリ」「商品説明」「価格と個数」など各項目が設定できる画面が表示されます。各項目を設定する際には、項目名をタップしましょう。

　はじめに出品カテゴリを決定します。**パソコンからの出品と基本的なことは同じです**。商品タイトルの文字数制限は30字です。出品用のテンプレート（HTML）も利用できます。アプリからの出品だからといって、商品タイトルや商品説明の書き方が変わることはありません。商品タイトルは検索を意識して、商品説明は簡潔にわかりやすくというのが基本です。

　ただ、近年はスマートフォンでヤフオク！を見る人も多くなっているので、**タイトルは先頭に重要な単語を持ってくる**こと、商品説明は長々と書かずに、簡潔に書きましょう。箇条書きでもよいくらいです。端的に商品を伝えて、落札者に直感的に判断してもらえるようにしましょう。

▲ 出品カテゴリを決定し、商品タイトル、商品説明を入力します（Sec.014・015参照）。

◆ 商品価格を決定する

　過去の落札価格を参考に、高過ぎず安過ぎない価格で出品するのが効果的です。価格入力欄の＜落札相場を調べる＞をタップすると、**過去120日の落札価格を調べられます**。スマートフォンの場合はパソコンと異なり入力しにくいので、間違った価格を入力する可能性があります。出品価格の設定には十分注意しましょう。

▲ 販売価格の設定は、Sec.017を参考にしましょう。

◆ 出品入力フォームに入力する

　発送元地域の指定や送料の負担など配送を指定し、送料を決定します。あらかじめ送料がわかっている場合は、落札されたときに出品者情報と同時に送料も連絡されます。送料がすぐに指定できない場合は、「送料を後から連絡する」を選択しましょう。この場合は、落札後の取引で住所を確認してから送料を確認してください。

▲ 送料の設定は、Sec.026を参考にしましょう。

◆ 出品者情報を入力し、かんたん取引で出品する

　「かんたん取引」画面では、出品者情報を入力します。ここへ入力した情報が落札者に通知されます。そのほか、商品の状態、終了する日時（早期終了などの設定含む）、決済方法、入札者の制限、有料オプション（注目のオークションなど）をパソコンの場合と同じように設定してください。初めての出品のときに設定しておけば、**それ以降の出品時は入力情報が引き継がれる**ので、最初は面倒でもすべての項目に間違いがないか確認してください。

　ひと通り出品情報の入力が終わったら、出品内容とシステム利用料（有料オプションを設定している場合）を確認し、注意事項、ガイドラインも確認して出品してください。出品が完了すると「出品が完了しました！」と表示されます。

▲ 確認画面でここまで入力した情報が間違っていないか確認しましょう。

▲ 有料オプションを利用すると、出品システム利用料が発生します。

▲ 「出品が完了しました。」と表示されれば、無事出品完了です。

◆出品中の管理を行う

　出品中にオプションの追加や商品説明の編集を行う必要が出てきた場合は、「オークションの管理」から商品の情報の編集を行います。編集できる内容は、有料オプションの設定、オークションの編集、オークションの取り消し、オークションの早期終了、入札の取り消し、ブラックリストの編集など、パソコンでの操作画面と同じです。

　まず、商品一覧から対象の出品商品を選択します。次に画面の中央あたりにある「オークションの管理」をクリックすると、編集や追加の管理ページに移行します。そこで必要に応じて操作を行ってください。

▲ ❶ 👤 をタップし、＜出品中＞をタップします。

▲ ❷管理を行いたい出品商品の下にある＜オークションの管理＞をタップします。

▲ ❸管理できるメニューが選択できます。

◆ **質問がきたら回答する**

　ヤフオク！に出品していると、落札を検討しているユーザーから質問がくる場合があります。このとき、スマートフォンの設定で通知をオンにしておくと、**質問がきたときに瞬時に通知してくれます**。「ヤフオク！」アプリを開くと、「新着情報」に数字が表示されます。これは何らかの通知があった場合に表示されますが、質問の場合は新着情報の一覧で「質問」と表示されます。直接商品詳細ページを見た場合でも、「未回答の質問があります」と表示されるので、質問がきていることがわかります。

▲ ❶ をタップし、数字が表示された＜新着情報＞をタップします。

▲ ❷ 質問の項目をタップします。

▲ ❸ 画面下部の＜未回答の質問があります＞をタップします。

　質問を確認します。質問中に個人情報が含まれていなければ、質問に回答しましょう。回答したら内容を入力し、入力内容を確認して送信します。なお、一度回答したものは編集や削除ができないので、返信内容を送信するときには十分注意してください。

▲ ❹ 質問内容が確認できます。＜この質問に回答する＞をタップします。

▲ ❺ 入力スペースに回答を入力し、＜確認する＞をタップします。

▲ ❻ 回答内容を確認し、問題なければ＜送信する＞をタップします。

・落札後の対応をスマートフォンで行う

　出品商品が落札されたら、画面下のメニューアイコンの真ん中から＜出品終了分＞→＜落札あり＞の順にタップします。該当する商品をタップすると、「あなたの商品が落札されました！」と表示され、落札されたことがわかります。ここで＜取引連絡＞をタップすると、かんたん取引を開始することができます。かんたん取引なのでこちらから住所などの連絡をする必要はありません。落札者が情報を入力してくれるのを待つだけです。落札者が入力したら、改めて通知されます。

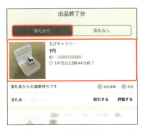

▲ ❶ →＜出品終了分＞→＜落札あり＞をタップし、落札された商品をタップします。

▲ ❷＜取引連絡＞をタップします。

▲ ❸取引ナビ（ベータ版）が表示され、かんたん取引が行えます。

　落札者から発送先や支払先などの情報がきたら、送料を計算して合計金額を返信をします。送料を出品者支払いにしていたり、全国一律にしている場合は、送料を連絡する必要はありません。あとは入金連絡を待つのみとなります。

▲ ❹相手から連絡がきたら、手順❶の画面にその旨が表示されます。

▲ ❺送料を定額などにしていない場合は、送料を入力して、＜送料を連絡する＞をタップします。

▲ ❻落札者からの入金を待ちます。入金連絡があったら確認して、商品を発送しましょう。

　落札者が入金を行い、支払い完了の連絡がきたら、入金を確認して、商品を発送しましょう。あとはお互いに評価を付け合えば、すべての取引が終了となります。スマートフォンとパソコンとでは操作方法に違いはありますが、大きな流れは変わりません。スマートフォンのほうがかんたんに取引ができるので便利です。

第8章 ヤフオク！で使える便利サービスで効率アップ！

オークファンを利用しよう

★便利サービス

オークファンは、ヤフオク！で過去に落札された商品を調べられるサイトです。ヤフオク!のほかにも、楽オク やモバオク、eBay、セカイモンも同時に検索ができます。

落札相場をリサーチする

　「オークファン」（http://aucfan.com/）でもっともよく使われるのが、メイン機能の「落札相場」です。キーワードを検索することで、**過去にオークションで落札されたかどうか、されていたらいつ、いくらで何個落札されたのかをリサーチ**できます（Sec.017、030、082、083、085 参照）。

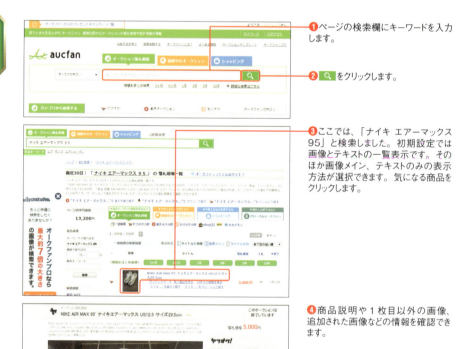

❶ページの検索欄にキーワードを入力します。

❷ 🔍 をクリックします。

❸ここでは、「ナイキ エアーマックス 95」と検索しました。初期設定では画像とテキストの一覧表示です。そのほか画像メイン、テキストのみの表示方法が選択できます。気になる商品をクリックします。

❹商品説明や1枚目以外の画像、追加された画像などの情報を確認できます。

出品テンプレートを利用する

オークファンで落札相場の検索以外でよく利用されるのが、「出品テンプレート」です。ヤフオク！へ出品する際に商品説明が装飾されていることが多くありますが、HTMLをいちから書くのはかなり難しいため、かんたんに作れるツールが人気です。

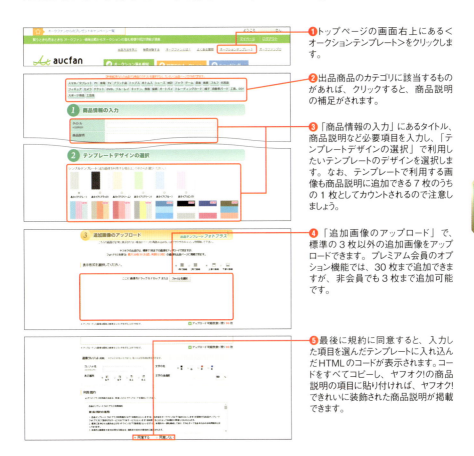

❶ トップページの画面右上にある＜オークションテンプレート＞をクリックします。

❷ 出品商品のカテゴリに該当するものがあれば、クリックすると、商品説明の補足がされます。

❸ 「商品情報の入力」にあるタイトル、商品説明など必要項目を入力し、「テンプレートデザインの選択」で利用したいテンプレートのデザインを選択します。なお、テンプレートで利用する画像も商品説明に追加できる7枚のうちの1枚としてカウントされるので注意しましょう。

❹ 「追加画像のアップロード」で、標準の3枚以外の追加画像をアップロードできます。プレミアム会員のオプション機能では、30枚まで追加できますが、非会員でも3枚まで追加可能です。

❺ 最後に規約に同意すると、入力した項目を選んだテンプレートに入れ込んだHTMLのコードが表示されます。コードをすべてコピーし、ヤフオク!の商品説明の項目に貼り付ければ、ヤフオク!できれいに装飾された商品説明が掲載できます。

第8章 ヤフオク！で使える便利サービスで効率アップ！

◆ MEMO ◆ 期間を一括して落札相場の検索する

左ページの手順❶の検索欄下に、「3ヶ月」「6ヶ月」「1年」「3年」「5年」「10年」という表示がありますが、これはプレミアム会員オプション機能の「期間おまとめ検索」(月額540円)です。オークファンでは過去10年まで遡って検索できますが、プレミアム会員では1か月ごとの検索しかできません。しかし「期間おまとめ検索」を追加すると、期間を一括して検索できます。とくに、直近3ヶ月など一定期間で調べたい場合や、数ヶ月に1個しか売れないレアものを探すときに役立ちます。

第8章 ヤフオク！で使える便利サービスで効率アップ！

オークファンをさらに使いこなそう

★便利サービス

ヤフオク！の落札価格や商品情報を提供しているオークファンでは、ほかにもヤフオク!に関係する便利な機能を提供しています。あらかじめYahoo! JAPANへログインしてから使用しましょう。

入札予約ツールで狙った商品を落札する

　入札予約ツールとは、落札したい商品を無事に落札できるよう、**予約時刻に設定した金額で入札してくれるツール**です。プレミアム会員は無制限で利用でき、無料会員でも3回利用できます。オークション終了間際は入札バトルが激しくなりますが、ずっとパソコンやスマートフォンを見ているわけにはいきません。また、入札バトルを繰り返すことで思わず熱くなり、想定外の高値で落札してしまうこともあります。このような入札忘れ、予算オーバーをなくすため、あらかじめ入札をする時間と予算を決め、自動入札を行うことができます。

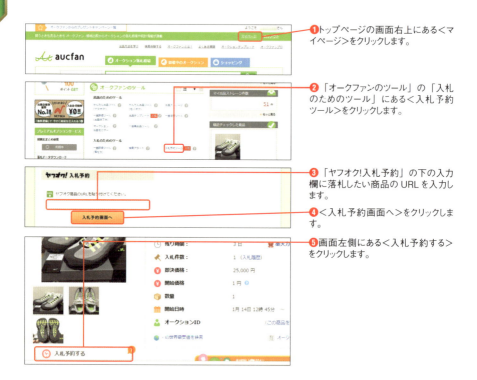

❶トップページの画面右上にある<マイページ>をクリックします。

❷「オークファンのツール」の「入札のためのツール」にある<入札予約ツール>をクリックします。

❸「ヤフオク!入札予約」の下の入力欄に落札したい商品のURLを入力します。

❹<入札予約画面へ>をクリックします。

❺画面左側にある<入札予約する>をクリックします。

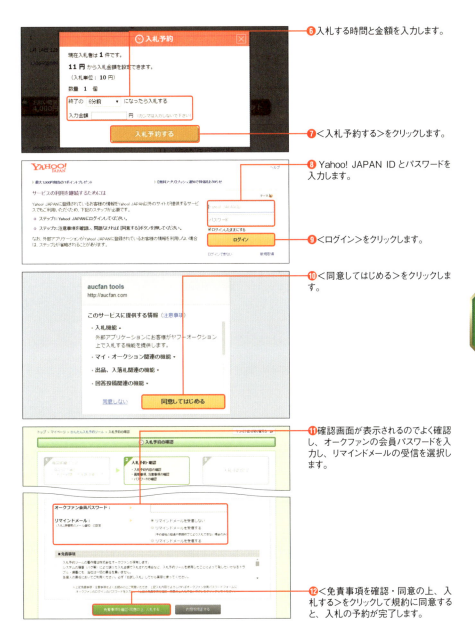

❻入札する時間と金額を入力します。

❼＜入札予約する＞をクリックします。

❽Yahoo! JAPAN ID とパスワードを入力します。

❾＜ログイン＞をクリックします。

❿＜同意してはじめる＞をクリックします。

⓫確認画面が表示されるのでよく確認し、オークファンの会員パスワードを入力し、リマインドメールの受信を選択します。

⓬＜免責事項を確認・同意の上、入札する＞をクリックして規約に同意すると、入札の予約が完了します。

　なお、入札予約ツールで入札される時点で、設定した価格よりも現在価格のほうが高い場合は入札されません。あとはシステムが自動的に入札してくれるので、結果を待つだけです。

一括で評価を付ける

初めのころは取引件数も少なく、評価もさほど手間ではありません。しかし、数十件やそれ以上となってくると、評価をするだけで何十分、ときには数時間取られてしまうこともあります。**一括評価ツールを利用すること**で、そのような作業時間を短縮することができます。この機能は、オークファンのプレミアム会員になると利用できます。

◆出品した商品の評価を一括で付ける

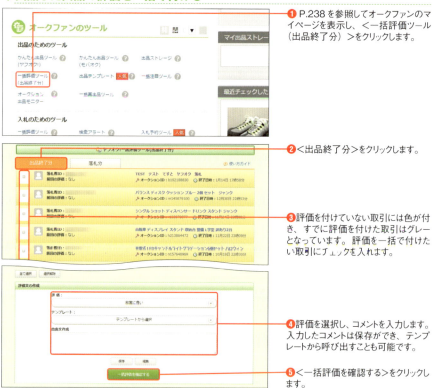

❶ P.238を参照してオークファンのマイページを表示し、＜一括評価ツール（出品終了分）＞をクリックします。

❷ ＜出品終了分＞をクリックします。

❸ 評価を付けていない取引には色が付き、すでに評価を付けた取引はグレーとなっています。評価を一括で付けたい取引にチェックを入れます。

❹ 評価を選択し、コメントを入力します。入力したコメントは保存ができ、テンプレートから呼び出すことも可能です。

❺ ＜一括評価を確認する＞をクリックします。

> **◆MEMO◆ オークファンと出品用IDが紐付いていない場合**
>
> 出品用IDがオークファンと連携していない場合は、手順❷以降の「ヤフオク！一括評価ツール（出品終了分）」画面で、＜ヤフオクIDを切り替える＞をクリックして出品用のYahoo! JAPAN IDにログインをしてください。なお、出品用と落札用が同じであれば、IDの切り替えは不要です。

❻評価の内容を確認します。とくに、評価のランクはよく確認してください。誤って「非常に悪い」を付けてしまうと、ほぼ確実にクレームになります。

❼問題なければ＜送信＞をクリックして完了です。

◆ 落札した商品の評価を一括で付ける

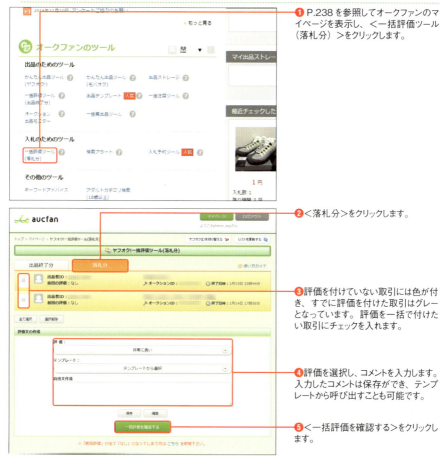

❶ P.238 を参照してオークファンのマイページを表示し、＜一括評価ツール（落札分）＞をクリックします。

❷＜落札分＞をクリックします。

❸評価を付けていない取引には色が付き、すでに評価を付けた取引はグレーとなっています。評価を一括で付けたい取引にチェックを入れます。

❹評価を選択し、コメントを入力します。入力したコメントは保存ができ、テンプレートから呼び出すことも可能です。

❺＜一括評価を確認する＞をクリックします。

❻ 評価の内容を確認します。とくに、評価のランクはよく確認してください。誤って「非常に悪い」を付けてしまうと、ほぼ確実にクレームになります。

❼ 問題なければ＜送信＞をクリックして完了です。

注目のオークションを一括で設定する

「一括注目ツール」は、ヤフオク！の注目のオークション（有料）を一括設定できるツールです。出品数が少ないときは1件ずつ見ながら評価を設定しますが、多く出品している場合はこのツールを利用して作業時間を短縮できます。この機能も、プレミアム会員になると利用できます。

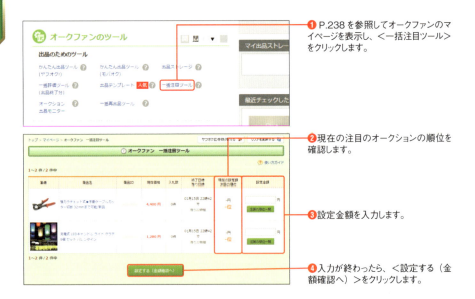

❶ P.238を参照してオークファンのマイページを表示し、＜一括注目ツール＞をクリックします。

❷ 現在の注目のオークションの順位を確認します。

❸ 設定金額を入力します。

❹ 入力が終わったら、＜設定する（金額確認へ）＞をクリックします。

◆MEMO◆ 効果的に注目のオークションの設定する

単純に順位だけをみて設定すると効果が薄い、または金額が高すぎるなど、無駄のある設定になっている場合があります。注目のオークションの効果的な設定方法はSec.065で解説しているので、参考にしながら作業時間を短縮できる一括注目ツールを使いましょう。

❺ 確認画面で金額をチェックして問題なければ、「ヤフオク!のガイドラインに同意の上注目のオークション設定を行う。」にチェックを入れます。

❻ ＜設定する＞をクリックします。金額を間違えてもキャンセルや返金はされないので、最終的な金額はかならず確認してください。

オークション検索アラートで効率的に商品を探す

任意で設定した時間や検索条件を元に、ヤフオク！で検索された商品を知らせてくれる機能です。最大５件まで登録できます。自動的、定期的に検索された商品の情報が送られてくるので、毎回検索し直す必要がなく、出品されたらすぐにチェックができるので、非常に効率的に目当ての商品が探せます。この機能も、プレミアム会員になると利用できます。

❶ P.238を参照してオークファンのマイページを表示し、＜検索アラート＞をクリックします。

❷ ＜アラート条件の新規登録＞をクリックします。

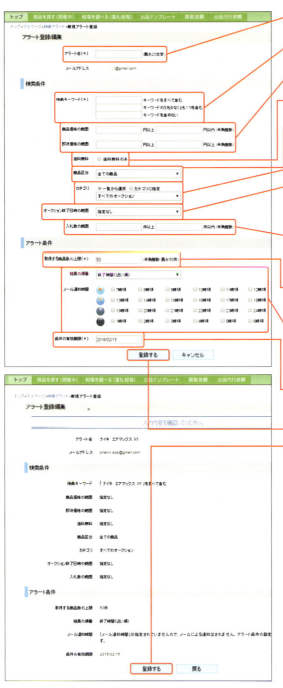

❸「中古 自転車」など、自分でわかりやすいアラート名を入力します。

❹検索キーワードを入力します。この項目は入力が必須です。

❺現在価格と即決価格の範囲を半角数字で入力します。

❻送料無料のみを検索する場合は、チェックを入れます。

❼ストアか個人の出品者の選択をします。選択しない場合は、両方の区分が検索されます。

❽カテゴリを指定します。

❾オークション終了日時の範囲を指定します。終了まで１日以内、２日以内というように終了までの残り時間で絞り込めます。

❿入札数の範囲を設定します。入札が多いと入札バトルになる可能性があるので、避けたい場合は現在の入札数での絞り込みができます。

⓫アラートで通知する最大件数を指定します。とくに理由がなければ、情報は多いほうがよいので 50 件にします。この項目は入力が必須です。

⓬アラートの結果が通知される時間を１時間単位で指定します。全部にチェックを入れると１時間ごとに 24 時間アラートがきます。

⓭いつまでこのアラートの通知をもらうかを指定します。この項目は入力が必須です。

⓮＜登録する＞をクリックします。

⓯入力内容を確認し、問題なければ＜登録する＞をクリックします。

キーワードアドバイスで出品戦略を立てる

ほかのオークファンユーザーが、どのようなキーワードを組み合わせて検索しているのか確認できるのが、「キーワードアドバイス」です。この機能も、プレミアム会員になると利用できます。

❶ P.238を参照してオークファンのマイページを表示し、＜キーワードアドバイス＞をクリックします。

❷ オークファンで検索されたあるキーワードと一緒に検索されているキーワードは何かということを教えてくれます。キーワードを入力します。

❸ ＜サーチ＞をクリックします。

❹ たとえば、「ナイキ」と入力した場合、その次に来る（AND検索されている）キーワードは「エア」や「モック」で、その次が「エアジョーダン」であることがわかります。当然、上位にくるほど重要な組み合わせです。ここからどのようなキーワードでオークファンユーザーが商品を探しているかがわかります。

第8章 ヤフオク！で使える便利サービスで効率アップ！

オークファンプロを利用しよう

オークファンプロはオークション分析ツールです。中上級者にとっては、プロフェッショナル用のツールとして、初心者の人でも役立つ情報が得られます。なお、月額は3,066円です。

●便利サービス

落札相場をリサーチする

　オークファンプロ（http://pro.aucfan.com）はオークファンの提供するプロ向けの有料分析ツールです。ここではその使い方を紹介します。
　オークファンプロでは、**過去10年間のデータが検索できる**ので、そのときの人気商品や高く売れた商品を知るとともに、買う場合は適正価格を知ることができます。あらかじめ「設定」でYahoo! JAPAN IDの登録や落札の目標を入力しておくことで、トップページで確認ができます。日々の落札数、落札金額の動向もひと目でわかります。

◀ 日々の落札数、落札金額の動向もひと目でわかります。

　相場検索機能は、オークファンの基本の機能です。オークファンと同様に過去10年までたどり、落札された商品の価格や入札数の検索ができます。いつ、何が、いくらで、いくつ売れたのかということが具体的にわかります。

◀ 右上に表示されている平均価格とは、検索し表示されているページの平均単価です。通常は落札が近い順に表示されますので、直近の平均単価、ということになります。

以下は検索後、画面左側から利用できます。

● **キーワードの追加**

キーワードを追加して絞ります。たとえば、「ナイキ」と相場検索後、「スニーカー」を絞るには、画面左側の「キーワード」に「スニーカー」と入力します。

● **除外キーワード追加**

検索したくないワードを除外指定します。「ナイキ」と相場検索して、バッグ以外を検索したい場合は、画面左側の「除外キーワード」に「バッグ」と入れます。

● **出品者ID**

「出品者IDで絞り込む」で特定の出品者がいつ、何が、いくらで、いくつ売ったのかという情報がわかります。自分と似た商品を売っているなど、参考になる出品者がいれば、どんな商品をどのように売っているかなどを参考にできます。

● **期間設定**

直近30日間から過去10年間までさかのぼり検索ができます。また、「期間を指定する」にチェックを入れれば、指定期間で検索できます。過去の冬物シーズンなど、任意の期間で検索してください。

● **価格帯指定**

価格の上限や下限を設定することで、ほしい商品に辿り着きやすくなります。また、中古品の場合は、求めている程度に近い商品を見つけやすくなります。高額品の検索や最低価格（1円で落札されたもの）など超低価格の落札品を検索できます。

データ分析を行う

オークファンプロでは、落札された商品、価格、タイミングなど、**オークションで販売していくうえで重要なデータを詳細に分析できます**。闇雲に勘で出品するよりも戦略的で効率よく出品できるので、ほかの出品者に差を付けられます。具体的には、下記のような種類の分析を行うことができます。

●データ分析
データ分析のグラフは指定したカテゴリの、「カテゴリ」「キーワード」「出品者ID」「期間」を集計したものです。

> **最高落札額**：値が大きいほど高額の商品の最大値の指標
> **総落札額**：値が高いほど多数もしくは高額な落札がされている指標
> **終了数**：終了数が大きいほど人気があるカテゴリの指標
> **出品数**：出品が大きいほど人気があるカテゴリの指標
> **総入札数**：値が大きいほど人気の商品が多数出品されている指標
> **平均入札数**：値が大きいほど商品入札されたときの入札数の参考指標
> **最高入札数**：値が大きいほどそのカテゴリの入札数の最大値の指標
> **総出品者数**：値が大きいほどそのカテゴリのライバルの多さを知る指標

●カテゴリ分析
指定されたカテゴリ、キーワード、出品者ID、期間で落札された商品の落札価格帯の分布のグラフです。

●落札価格帯分析
1万円までは千円刻み、10万円までは1万円、100万円までは10万円刻みで、指定したカテゴリの価格帯を表示しています。

●おすすめ出品サマリー
分析の結果、カテゴリ、曜日、開催日数、時間帯、オークションタイプでもっとも落札率の高いものを表示します。グラフ化されたそれぞれの数値を出しているので、ひと目で最大の数値がわかります。

● 開催日数分析

　オークションでの開催日数別に総落札額などを表示しています。円グラフは開催日数ごとの落札額の割合です。指定したカテゴリで、何日間出品したものの落札がもっとも多いのか、ということがわかります。

　出品日数と同様に、落札された曜日の分析です。指定されたカテゴリ、キーワード、出品者IDや期間で終了したオークションを曜日別に表示します。棒グラフは曜日別総落札額を、円グラフは曜日ごとの落札額の割合です。どの曜日がもっともたくさん落札されているかを分析し、もっとも落札される確率が高い曜日に終了させるようにしましょう。

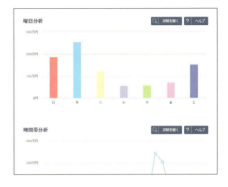

● 高額落札品一覧

　分析しているカテゴリの高額落札品を表示しています。カテゴリを指定すると、各カテゴリでの高額落札品が表示されます。仕入れの参考にしましょう。

● 詳細分析

　それぞれの分析はさらに詳細にグラフや表で確認することができます、また、一覧表はクリップボードに保存ができますので、エクセルに貼り付ければさらに詳細な数値分析ができます。

第8章 ヤフオク！で使える便利サービスで効率アップ！

AppToolを利用しよう

AppToolはヤフオク!出品管理ツールです。かんたんに一括出品・再出品ができ、取引ナビや一括評価など落札後の機能も充実しています。そのほかすべての機能が無料で利用できるのが魅力です。

AppToolとは

「AppTool」は、無料で利用できるヤフオク！出品管理ツールです。主に下記の機能があります。

- 大量の商品をかんたんにまとめて出品、再出品できる
- まとめて一括で注目のオークションの設定ができる
- 出品商品のアクセス数、ウォッチリスト数、未回答数を一覧閲覧できる
- 出品商品をまとめて早期終了、取り消しできる
- メッセージテンプレートを利用した取引ナビへの投稿ができる
- メッセージテンプレートを利用した評価ができる
- まとめて一括評価ができる

出品商品の情報はAppToolのクラウドサーバへ登録するので、インターネット接続が可能な環境であれば、どこでも出品管理ができます（300商品まで可能）。パソコン内に出品管理情報を保存をしていたが故障して見れなくなった、というときにも、バックアップ代わりになり、便利です。

「AppTool」
URL https://apptool.jp/

◆ AppToolで出品・再出品する

　AppToolからはかんたんに出品することができるので、**出品作業の短縮、軽減が可能**です。また、すでに商品を出品している場合は、こちらも手軽に再出品の一括処理が可能です。これまでの面倒な再出品作業を効率的に短縮し、商品のリサーチなどほかの作業へとあてることができます。

▲ 一括出品も再出品も、かんたんな操作でできます。

◆ AppToolのそのほかの機能

　AppToolのテンプレート機能を利用すれば、取引ナビや取引完了後の評価のメッセージなどの面倒な入力をすることなく、取引を完了させることができます。また、一括評価機能を利用すれば、わずか数秒で数十件～数百件単位の評価を一括で完了させることができ、評価にかかっていた時間を大幅に節約できます。

◀ テンプレート機能と一括評価機能を利用すると、大幅に時間短縮が可能です。

◆MEMO 売上レポートをチェックする

そのほか、ひと目でわかりやすいデザインの売上レポートを出すことができます。毎月の売上状況がグラフに表示され、現在の自分の状況がよくわかりますので、目標に対しての進捗確認をいつでもすぐに行えます。

第8章 ヤフオク！で使える便利サービスで効率アップ！

Section 092 のんきーどっとねっとを利用しよう

★便利サービス

前節のAppToolは、多くの商品を出品する人向けのツールです。同ツールの企画開発者が個人や小規模向けに企画開発したツールを配布するサイトが「のんきーどっとねっと」です。

◆「のんきーどっとねっと」とは？

「のんきーどっとねっと」は、ヤフオク！や楽天オークションなどの出品時に利用すると**便利なツールを集めて配布している Web サイト**です。各ツールの企画開発者のんきー氏が運営しています。ツールはすべて無料で利用でき、出品テンプレートや入札予約（自動入札）ツール、一括出品・再出品ツール、取引管理ツールなど多数を提供しています。

「のんきーどっとねっと」
URL http://www.noncky.net/

◀ テンプレート機能と一括評価機能を利用すると、大幅に時間短縮が可能です。

◆ 出品テンプレート作成が便利な「@即売くん」

「@即売くん」は、出品テンプレート作成ツールです。主に下記の機能が利用できます。

- 288 パターンのデザインから作成できる出品テンプレート
- 送料の自動計算（19 サービス対応）
- ヤフオク！やネットバンク（14行対応）に容易にログインできるマイリンク機能

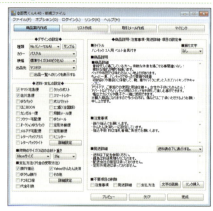

▲ 出品テンプレートは 12 種類×24 色の 288 パターン用意されています。

出品テンプレートは、インデックス、タブ、キューブなど 12 種類を 24 色でデザインすることができ、288 パターンの中から商品の種類などに応じて自由に利用ができます。また、送料計算は、ヤマト運輸（クロネコヤマトの宅急便）、ゆうパック、はこ BOON、クリックポスト、定型外郵便など 19 種類のサービスに対応しています。ほかにも「マイリンク」機能で、わずらわしかったヤフオク！やネットバンクへのログインが 2 クリックでできるようになります。ネットバンクはジャパンネット銀行や楽天銀行、ゆうちょ銀行、三菱東京 UFJ 銀行、三井住友銀行など 14 行に対応しています。

◆出品商品を管理する「一括出品おまかせ君2」

　「一括出品おまかせ君 2」は、ヤフオクへの出品作業の効率アップを目的とした出品管理ツールです。主に下記の機能が利用できます。

- 一括出品、再出品
- 注目のオークションの一括設定
- 早期終了、オークション取り消しの一括設定
- 商品ファイルの作成、管理
- CSV ファイルでの商品ファイル一括登録

　商品管理を基本機能とするツールです。出品商品を登録して利用します。登録した商品をまとめて出品したり、一度出品した商品をまとめて再出品することができ、とても効率的です。また、注目のオークションの設定や、早期終了、オークションの取り消しなどの設定も一括でできます。
　登録した商品ファイルのデータはカテゴリや商品状態（新品、中古）、出品形式（通常出品、かんたん取引）などを並べ替えて分析することもできます。

◀ 一括で作業すること空き時間を作り、リサーチなどに割り当てましょう。

◆自動入札で落札成功率を上げる「瞬殺オークション」

　「瞬殺オークション」は、ヤフオク！で利用できる入札支援ツールです。落札したい商品への自動入札をすることができます。

　「瞬殺オークション」を利用すると、入札させたい商品に対し時刻と金額を入力するだけで、指定した時刻に自動的に入札させることができます。ほしい商品が出品されているが、終了時間に立ち会えない、というときに活用したい便利なツールです。**ヤフオク！で商品を安く落札したい場合は、終了直前に入札するのが鉄則**です。あまり早くから入札していると、ほかの人に気づかれてしまい、価格が上がってしまう可能性があります。価格の高騰を避けるためには、終了直前に入札するのが効果的です。入札バトルを回避して、安価で落札される可能性が高まります。

　また、複数の商品を同時に自動入札したい場合は、瞬殺オークションを同時に複数立ち上げることで対応可能です。落札したい商品のオークション終了時間が重なってしまった、といったときにも活用できます。

▲ 商品を指定し、時間と予算を入力するだけで自動的に入札されるしくみです。

> **◆MEMO◆ 瞬殺オークション利用時の注意点**
> 初めに動作確認を兼ねてテスト入札を行い、動作に問題ないか確認してから利用しましょう。また、パソコンの状態がスクリーンセーバー時、ディスプレイの電源オフ時は利用可能ですが、シャットダウン、休止状態、スタンバイモードになっていると動作しないので気を付けましょう。

◆画像の結合ができる「Easyピクト」

「Easyピクト」は、オークション利用者向けに最適化された画像編集ツールです。主に下記の機能が利用できます。

- 6枚までの複数の画像を1枚に結合
- 画像へ文字の加工

Easyピクトは、**画像の結合や文字などの加工がかんたんに行えます**。結合させたい複数の画像をマウスでドラッグするだけで、1枚の画像にすることができます。レイアウトは「4分割（田型）」「3分割（小2枚＋大1枚）」「6分割（横3枚×縦2枚）」など、11種類から選択できます。画像は3枚までしか掲載できないヤフオク！ですが、6枚を1枚に連結すれば18枚もの画像が掲載できます。

また、文字を追加することができるほか、枠線の太さや色を変更することもできるので、イメージ通りの画像編集が可能となるでしょう。

なお、編集した画像を保存する際、JPEG形式であれば画像品質をスライドバーで設定できるのもうれしい機能です。

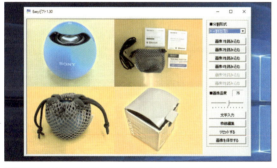

◀ 11種類のレイアウトの中から選択して画像を配置します。

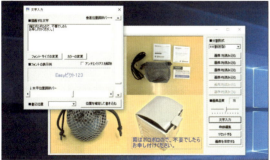

◀ 文字の加工もかんたんに行えます。

◆画像を容易にリサイズできる「@簡単縮小」

　「@簡単縮小」は、画像をかんたんに縮小できるツールです。サイズを指定し、パソコンのエクスプローラから画像ファイルをドラッグするだけで縮小（リサイズ）することができます。画像サイズは1,920サイズから640サイズの11種類から選べるほか、自分でサイズを入力して指定することもできます。複雑な設定などは一切なく、とにかくかんたんに縮小できるので初心者でも利用できます。

　ヤフオク！では600ピクセルを超える画像を掲載すると、**強制的に縮小されて掲載されます**。その場合、あまりきれいな画質ではなくなってしまうので、このツールを利用してあらかじめ縮小して掲載しましょう。

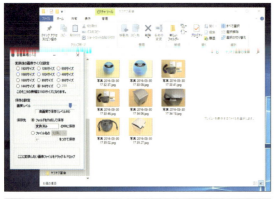

◀ 画質を設定して、縮小したい画像をドラッグします。

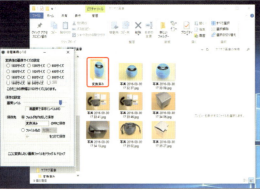

◀「変換済み」フォルダが作成され、縮小した画像が保存されています。

◆アクセス数が一覧確認できる「出品アナライザー」

「出品アナライザー」は、**商品詳細ページへのアクセス情報などを一覧で確認できる**アクセス解析ツールです。主に下記のような機能が利用できます。

- 商品詳細ページへのアクセス数やウォッチリスト数などを一覧表示
- 取得したデータを CSV ファイル形式で保存

　通常、アクセス数は商品詳細ページでのみ確認が可能で、マイオークションなどで一覧では確認することができません。「出品アナライザー」では出品しているすべての商品詳細ページからアクセス数やウォッチリスト数、最高落札者 ID、入札数、現在の価格などのデータを自動的に収集し、一覧にまとめてくれます。また、入札があった場合や未回答の質問がある場合には色が付いて表示されるので、ひと目で気づくことができます。アクセス数、ウォッチリスト数を確認し、あまり見られていない商品については、なにか改善を行うようにしましょう。

　また、取得したデータは CSV ファイル形式で保存することができるというメリットもあります。

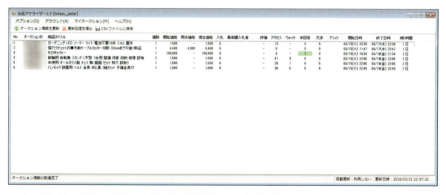

▲ 商品を指定し、時間と予算を入力するだけで自動的に入札されるしくみです。

> **◆MEMO◆**「のんきーどっとねっと」そのほかのツール
>
> 「取引ナビブラウザ 2」（http://www.noncky.net/software/navibrowser/）は、取引ナビをメーラー感覚で利用できる専用ブラウザです。メッセージの送受信や取引相手の情報管理、メッセージのテンプレートなどの機能が装備されています。取引ナビでのやり取りは取引件数が多くなるとわずらわしい作業ですが、このツールで効率を上げることができます。

第8章 ヤフオク！で使える便利サービスで効率アップ！

Section 093

まだある！便利な
ヤフオク！関連サービス

★便利サービス

さまざまなヤフオク!に関連するサービスを解説してきましたが、もちろんこれですべてではありません。まだまだ紹介しきれないほどのサービスがあります。その中から一部ですが、さらに紹介していきます。

大量一括出品や画像管理ができる「オークタウン」

「オークタウン」は、**ヤフオク！の面倒な出品作業や画像管理、一括大量出品**をかんたん、安全にできる**無料出品ツール**です。このツールの利用で時間とコストを削減することができます。

主な機能として、まずExcelを利用して、一括で大量出品ができます。出品に必要なすべての項目をExcelで入力、編集、設定でき、手軽に大量一括出品できます。とくに出品数の多いユーザーにとっては、作業時間の短縮につながります。また、商品画像管理機能では、500メガバイトまでの画像保存だけでなく、画像の表示順序変更やリサイズがかんたんに行えます。さらに管理機能によって、利用したいときにすぐに掲載するといったことも行うことができます。

また、ほかのツールではあまり見られないのが「**予約出品**」です。指定した日時に一括出品や自動連続出品ができます。自動連続出品とは、一定の間隔を開けて連続出品する機能のことです。

出品や画像の管理、予約出品など、出品数が多くなればなるほど、その役に立ってくれるツールです。

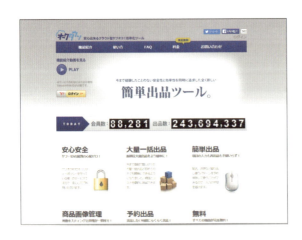

「オークタウン」
URL http://auctown.jp/

◀ 大きな特徴は大量一括出品です。

出品テンプレートが無料作成できる「おーくりんくす」

「おーくりんくす」は、きれいで見やすい商品説明の出品テンプレートが作成できる「オークションプレートメーカー」を無料で利用できます。使い方もかんたんで、初心者に優しいサイトです。そのほか、ヤフオク！のフォームにワンクリックで記入できる「出品ぽちぽち」や「取引ぱたぱた」「HTML講座」など、出品に役立つさまざまなツールを提供しています。

「おーくりんくす」
URL http://www.auclinks.com/

◀ 出品テンプレートが充実しています。

お金を一括で管理できる「Money Look」

「Money Look」は、個人のお金をまとめて管理できる無料のサービスです。ヤフオク！では他人に銀行口座を教えることがあるので、いつも使っている口座ではなく、ヤフオク！専用の口座を開設する場合があります。その際は入金確認などが煩雑になりがちなので、一括で管理できるようにしておくと安心です。それぞれの銀行などで残高や入金を確認するのは本当に大変ですが、Money Look を使うことで整理されたお金の管理ができます。また、かんたんに付けられる家計簿機能があるので、ヤフオク！で得た利益と、そのほかの使えるお金を合わせて資産の管理も可能です。銀行、証券などの口座を一括管理できますので、手間がかかりません。

「Money Look」
URL https://www.moneylook.jp/

◀ スマートフォンアプリもあります。

商品チェックに最適な「ヤフオクびゅーあ」

「ヤフオクびゅーあ」は、ヤフオク！のための専用のブラウザ（閲覧ソフト）です。Internet Explorer や Google Chrome などインターネットを見るためのブラウザと同じようなもので、ヤフオク！に特化したものと考えてください。

ヤフオクびゅーあを利用することで必要な情報を抽出することができ、目的の商品が探しやすくなります。検索条件や商品リスト、商品の詳細画面がそれぞれ独立しているので、わざわざ「戻る」ボタンやタブをたくさん立ち上げる必要がなく、商品が探しやすくなります。ヤフオク！と同じような検索（カテゴリ、キーワード）ができるほか、カテゴリのお気に入り登録もできるので、利便性の高い仕様となっています。

「ヤフオクびゅーあ」
URL http://kks-box.net/auction/tools.php?gpage=yahooview

◀ 必要な情報のみを抽出して表示できます。

初心者向け出品管理ツール「AuctionSupport」

「AuctionSupport」は、初心者向けの出品管理ツールです。操作がかんたんなので、早く使いこなせるようになると思います。出品管理のほか、出品フォームの作成や定形文章による案内メール文面作成、送料の算出など、ヤフオク！に関することができます。最近では Web で管理できるツールもありますが「AuctionSupport」はダウンロードとインストールが必要で、パソコンで立ち上げなくてはならないのが難点です。しかし、最低限の機能は搭載しているので、使い勝手や操作性、役割を果たすという意味では問題なく利用できます。気軽に使ってみましょう。

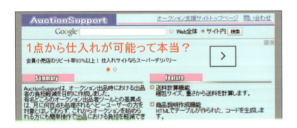

AuctionSupport
URL http://www.ioqi.net/as/auctionsupport/

◀ 初心者に優しいツールです。

ヤフオク! トラブル即効解決Q&A

Question 1	詐欺行為にあわないためにはどうすればよい?……………262
Question 2	入札時に気を付けることはある?………………………263
Question 3	出品時に気を付けることはある?………………………264
Question 4	落札者から連絡がない……………………………………265
Question 5	入金したのに商品が届かない!…………………………266
Question 6	発送した(届いた)商品が壊れていた!…………………267
Question 7	クレーム対応はどうするの?……………………………268

第 9 章　ヤフオク！トラブル即効解決 Q&A

★トラブル対応

ヤフオク!でよくある
トラブルや疑問点を解決する

この章では、ヤフオク!を行っていると出てくる疑問やトラブルなどについて紹介します。もしものことが起きたときに落ち着いて対処できるよう、しっかりと読んでおきましょう。

Q1. 詐欺行為にあわないためにはどうすればよい？

A.9つのチェックポイントを確認してください。

詐欺にあわないためには、いくつか確認すべきポイントがあります。以下の項目を参考にし、**入札を予定している出品者が大丈夫かどうかの判断基準**にしてください。

- 商品説明をよく読んで疑問に思うことはありませんでしたか？
- 出品者の評価は確認しましたか？（とくに悪い以下の評価とその内容）
- 落札後に相手の電話番号を含めた名前などの情報はもらいましたか？
- 指定された振込先がトラブル口座に登録されていませんでしたか？
- 振込の名義が出品者の名前と異なっていませんでしたか？
- 明らかに市場価格を大幅に下回っていませんか？
- その商品が同じような価格でたくさん落札されていませんか？
- 長期で休む（発送に時間がかかる）などが書かれていませんか？
- 心配な場合は出品者のIDで検索してみてください（IDで検索すると、すでに詐欺が疑われているIDは掲示板などに書かれている可能性があります）。

これらのポイントを確認して、わからないことは落札前に出品者へ質問をして不安は解消しておいてください。落札後にあれこれ質問するのは、ヤフオク！ではマナー違反です。入金後は、どうしても落札者側が不利になります。**お金を支払うのは最終的に間違いないと判断できたとき**にしましょう。

また、質問欄に英語で「知人にこの品物をあげたい。急いでいるので、○○○＄払うから送ってくれないか。このメールに連絡がほしい」と書かれる「ナイジェリア詐欺」というのがあります。提示額は出品価格よりもずっと高額です。返信すると「まず（海外の）銀行に入金する。その銀行から入金通知メールが届いたら、品物を発送してください。発送確認後に、あなたの銀行に代金が振り込まれます」という返事がきます。そのあと（ニセの）入金通知メールが届きますが、商品を発送しても入金はありません。話がうますぎるこの手のメールには返信せず、無視しましょう。

Q2. 入札時に気を付けることはある？

A.取引や商品自体に問題がありそうなものは避けましょう。

◆相場から見て異常に安い

入札前に落札相場を調べることを解説しましたが、相場とかけ離れた安さで出品しているケースがあります。残り時間の長い1円出品というわけでもなく、即決でも**異常な低価格品はコピー品を疑ってください**。また、過去の評価を見て、いくつも同じ商品を異常に安い価格で販売し続けている場合は高い確率でコピー品です。

◀ 人気の商品を相場とかけ離れた安価で出品しているのは、疑うようにしましょう。

◆発送に時間がかかる

「落札後、発送まで2週間程度」とある場合、海外発送が濃厚です。これは、手元に商品がなく、落札者からの入金を待ち、そのお金で手配している疑いがあります。これは規律違反で、最悪の場合、そのまま持ち逃げされる可能性もあります。

◆質問を受け付けない

委託出品、商品に詳しくない、多忙なためなどの理由で**質問を受け付けない出品者**がいます。可能性として商品が手元になかったり、盗品など違法な商品のため、聞かれても答えられないなどの疑いあります。聞きたいことに答えようとしない出品者の姿勢にも問題があるので、落札後もトラブルになることも考えられます。

◆評価を確認する

入札前には必ず出品者の過去の取引状況を確認してください。「悪い」「非常に悪い」が1つでもあったらダメというわけではなく、評価の中身が大事です。落札者との行き違いだったのか、悪い評価に対して真摯に対応しているかなどもあわせて確認しましょう。評価で暴言を吐いていたり、悪い評価を無視していたような場合は入札を控えるべきです。取引になっても、トラブルになる可能性があります。

◆質問したのに回答されない

わからないことは出品者に質問をしますが、無視されてしまうことがあります。出品者として商品説明文に書いてあることを質問されるといい気はしませんが、やはり無視はいけません。一般的な質問には誠実に対応すべきです。このまま商品や取引について不安や疑問が残ったままで落札した場合は、トラブルが発生する可能性があります。回答されない限り入札をするべきではありません。

Q3. 出品時に気を付けることはある？

A.マナーを守ってお互い気持ちよく取引できるようにしましょう。

出品で大事なことは、落札時の熱を冷めさせないことです（Sec.042参照）。また、落札時だけではなく、取引終了まで気持ちよく終えられるように努めます。マナーを守って、円滑で気持ちのよい取引に努めましょう。

落札後の連絡を出品者、落札者のどちらからするのかという明確な決まりはありません（かんたん取引は自動で行われます）。しかし、基本的には出品者から取引内容について連絡をするほうがよいでしょう。あまり遅いと落札者に不信感を抱かれ、のちにトラブルにもなりかねません。**迅速な連絡は円滑な取引への第一歩**です。

また、落札者の中には、連絡や入金が遅い人がいます。だからといっていきなり落札を削除したり、悪い評価をつけるのはトラブルになります。もしかしたら忘れている、忙しくてあと回しになっているのかもしれません。2、3日待ってみて連絡がない場合は、出品者側から連絡するようにしましょう。

▲ 新規のIDであっても落札者の1人ですし、自分も初めは新規で誰かの商品に入札ができたから、現在もオークションを続けられ評価も増えたことを思い出して、優しく対応してください。

Q4. 落札者から連絡がない……

A.取引ナビや連絡掲示板、評価欄の3手段で連絡を取ります。

　落札後にまったく連絡をしない人がまれにいます。そのような場合は待つだけでなく、こちらから取引ナビで取引を促すようにしましょう。最初の連絡から2～3日経過しても連絡なければ、「先日、ご連絡させていただきましたが、ご確認いただけましたでしょうか？」といった感じで再連絡をします。もし、連休などを挟む場合は、連休明けでも構いません。最初の連絡は自動的に送信されているので、落札日から2～3日経過しても取引が進まないようであれば、「取引メッセージ（自由記述のメッセージ）」から落札者に連絡してください。さらに2～3日連絡がない場合は、連絡掲示板を使います。取引ナビとの違いは、投稿内容がほかのユーザーに公開されます。これでほかの利用者にこの落札者と連絡が取れないことを伝えられます。

◀ 連絡掲示板は全ユーザーが見ることができるので、個人情報などの個人が特定される情報は絶対に書き込んではいけません。

　それでも連絡がない場合は、評価から連絡します。通常の評価と同じように商品詳細ページの「評価」から連絡がほしい旨を投稿しますが、やはり通常通り評価付けが必要です。評価はあとで変更できますが、履歴は残ります。悪いと評価するとトラブルになることがあるので、「どちらでもない」以上の評価が望ましいです。

　何度も連絡したにも関わらず、落札者からの返答がない場合、そのまま放置していてはシステム手数料が発生してしまうので、**取引ができないと判断した場合には、落札者を削除します**。出品終了分の該当する商品のページで落札者都合にチェックして、削除ボタンを押し確認したらボタンを押して完了です。同時にブラックリスト登録もできます。同一人物が使っていると推測されるIDも同時に登録されます。ただし、削除を行う前には念のため取引ナビや連絡掲示板を通じて落札者の都合で削除を行うこと、同時にヤフオク！のシステムから自動的に「非常に悪い」の評価が入ること、システムから付いた評価は変更できないことを伝えましょう。この連絡をして1日待ってから行うとさらに親切です。また、複数の落札者がいる場合には、補欠落札者を繰り上げるかどうかを判断します。繰り上げる場合には次点の落札者に、落札を受理するかどうかを確認するメールが送信されます。補欠落札者を繰り上げない場合は、「落札者なし」となります。

Q5. 入金したのに商品が届かない！

A. ヤフオク！のお見舞い制度などを利用しましょう。

　落札後、入金したのに発送されない、発送連絡は来たが商品が届かない、などは、ヤフオク！でのトラブルでよくあるパターンです。発送されない場合は、何かの誤解や発送先の住所間違えなど、単純な原因もありますので、冷静に連絡しましょう。まずは、P.265の「落札者から連絡がない……」と同じで、取引ナビ、連絡掲示板、評価という3つの手段を利用して連絡します。もし、相手の電話番号がわかる場合は、「商品は発送していただけましたか？」と電話をかけるのも1つの方法です。

　出品者からは商品の発送連絡があったにも関わらず、商品が届かないということがまれにあります。追跡できる配送方法であれば、追跡番号を出品者に確認して**各運送会社のサイト**で**配送状況の確認**を行ってください。もし、郵送など追跡できない場合は、出品者の「発送しました」を信用するしかありません。それでも届かない場合は「郵便事故」として商品が紛失したことになります（Sec.026参照）。

◆「未着・未入金トラブルお見舞い制度」を申請する

　入金したのに商品が届かない落札者、先に商品を送ったのに商品代金が支払われない出品者のために**「未着・未入金トラブルお見舞い制度」**という安心して取引をするための補償制度があります。もし、取引ナビ、連絡掲示板、評価という3つの手段を利用して連絡しても商品が届かない場合は申請してください。この制度では、代金を支払ったのに商品が届かない、先に商品を送ったのに商品代金が支払われない分の代金をTポイントで補填してくれます。支払いは現金でもTポイントで補償される点や、審査から補償までの長い時間はありますが、全損するよりはよいので、もしものときは利用しましょう。また、利用には警察に被害届を出しているかなどの「適用条件」がありますので、Webサイトで適用条件をしっかりと確認してください。

「未着・未入金トラブルお見舞い制度」
URL https://guide.ec.yahoo.co.jp/notice/omimai/

◀ もし発送方法が郵送だった場合は、郵送は追跡できませんので、配送方法を選ぶ際の注意不足とされ審査の「対象外」になります。配送中の紛失も「補償」がない配送方法を選んでいるため同じく注意不足として対象になりません。

◆代金支払い管理サービスを利用する

　特定のカテゴリであれば、代金支払い管理サービスを利用することができます。代金支払管理サービスとは、**出品者と落札者の間にヤフオク！が入って代金を一時的に預かり、商品が到着したら出品者に入金する**しくみです。このサービスが利用できるのは、以下のカテゴリです（対象カテゴリ以外では利用できません）。

- 自動車、オートバイ ＞ カーナビ
- 家電、AV、カメラ ＞ 携帯電話、スマートフォン ＞ 携帯電話本体
- チケット、金券、宿泊予約 ＞ ギフト券
- チケット、金券、宿泊予約 ＞ 興行チケット

　これらのカテゴリは、「代金を支払ったのに、商品が届かない」というトラブルが多かったため利用が必須となっています。

「代金支払い管理サービス」
URL https://special.auctions.yahoo.co.jp/html/shiharaikanri/

Q6. 発送した（届いた）商品が壊れていた！

A.宅配業者の補償か「お買いものあんしん補償」を受けましょう。

　長くヤフオク！をしていると、届いた商品が壊れていた、または送った商品が壊れていたと落札者から連絡がくる、といったことは起こり得ます。その場合、あわてて返品しない（してもらわない）ようにしてください。これは、届いたときに壊れたということを宅配業者に確認してもらう必要があるので、まずは返品前に宅配業者に引き取りにきてもらい確認しましょう。出品者の場合、落札者には宅配業者と交渉する旨を伝えて、待ってもらうようにしてください。そのあと、宅配業者に補償できるのかどうかを交渉します（Sec.026 参照）。もし、ここで補償外の発送方法で出荷していたり、宅配業者のほうで補償できなくても、「お買いものあんしん補償」で補償を受けられることがあります。

◆「お買いものあんしん補償」で補償を受ける

　「お買いものあんしん補償」とは、ヤフオク！、Yahoo! ショッピングの落札・購入商品を対象とした、会員限定の補償サービスです。この補償を受けるには、Yahoo! プレミアム、Yahoo! BB、EZweb・モバイルオークション、とく放題（M）などの会員向けサービスに入っている必要がありますが、ヤフオク！に出品している場合は、Yahoo! プレミアム会員への登録が必須になるので、自動的にこのサービスの補償対象者になっています。

　補償の種類としては、宅配郵送事故・破損・盗難・修理がありますが、すべて審査があります。なお、宅配便は補償の対象ですが、**利用した運送業者の補償が使えない場合はそれを証明する**ことで、あんしん補償を受けることができます。また、あんしん補償で宅配便の場合は、1回につき3万円（年3回）までと決まっているので注意してください。あんしん補償を受けるための必要書類は、本人確認書類、所定の補償金請求書、各補償で必要な書類などです。審査の際に用意してください。

　郵便物はすべて補償の対象となるかが気になるところですが、原則として海外発送を除くすべての郵便物が対象です。ゆうパック、はこBOONやバイク便も対象です。

「お買いものあんしん補償」
URL https://hosho.yahoo.co.jp/okaimono/

Q7. クレーム対応はどうするの？

A. クレーム対応の基本を押さえれば、問題ありません。

　何かを販売すると避けては通れないのがクレームです。もちろん正当なクレームもあればそうでないクレームもあります。どちらにせよ、どのように対応するのがよいのでしょうか。

◆1. お詫びの言葉から入る

クレーム対応の基本中の基本となるのが最初の謝罪です。ただ、責任を認めるという意味ではなく、**「落札者の気分を害したことを不本意に思う」という意味**です。落札者は興奮していることが多く、そのままでは、話が通じません。まずは冷静になってもらう必要があります。

◆2. 話をじっくり聞く

何のクレームなのかをじっくりと聞きます。目的は落札者のいい分を聞くことと、興奮状態の冷却です。多少事実と違うと思っても、言葉を被せて修正するようなことはしません。ただ、話の内容は必ずメモをして内容を整理してください。

◆3. わからないのに非を認めない

原因が明らかであれば別ですが、落札者のいうことを鵜呑みにして非を認めないようにしてください。「お調べいたしますので、お時間を頂戴できますでしょうか」と時間をもらって、きちんと調査してください。結果的にこちらに非があれば、誠心誠意対応します。

◆4. 不当な要求には屈しない

クレームの中には不当な要求（代金＋迷惑料の要求）であったり、不可能な対応（遠方まで持ってこさせようとするなど）を求められることがあります。もちろん正当な要求であれば誠意をもって対応しなければなりませんが、不当な要求に対しては毅然とした態度で断る勇気が必要です。

◆5. 最終的には感謝する

クレームはいってくれるだけありがたいものです。正当なものであれ勘違いであれ、貴重な意見の１つです。最後は「ご指摘いただきまして誠にありがとうございました。今後は細心の注意を払います」などの感謝の言葉で締めくくりましょう。こういうひと言で、相手の印象は大きく変わります。

誰でもクレームは嫌なものです。しかし、販売を行っていく上では、いつか必ずあたります。**クレームでもっとも肝心なことは初期対応**です。ここで対応を誤ると、どんどん長引いて何時間もとられることになります。クレーム対応の基本からきっちり対応していれば、長引くことはあまりありません。ただし、「クレーマー」と呼ばれる理不尽な要求をしてくる人に対しては、勇気をもって毅然と対応してください。

索引

数字・A〜Z

1円出品	132, 154
AIDMAの法則	189
Amazon	194, 196
Amazon.com	214
AppTool	250
AuctionSupport	260
eBay	208
GIFアニメーション	144
HTMLタグ	148
minikura	163
Money Look	259
PhotoScape	114, 116, 142, 144, 176
PRオプション	69
SWOT分析	187
Yahoo! JAPAN ID	22
Yahoo!ウォレット	40
Yahoo!かんたん決済	75
Yahoo!プレミアム	26

あ

あまログ	197
アリババ	220
ウォッチリスト	34, 150
大型古書店	90
お買いものあんしん補償	267
オークションの取り消し	59
オークションの編集	58
オークタウン	258
オークファン	53, 82, 236, 238
オークファンプロ	246
おーくりんくす	259

か

海外仕入れ	85, 206
外注化	198
ガイドライン	39
確定申告	202
カテゴリ	80
家電量販店	94
かんたん取引	60
関連販売	152
キーワード	180
クレーム対応	268
検索	30
国内仕入れ	84
梱包	164, 170

さ

在庫管理	190
サイズの表記	118
詐欺	262
質問	60
自動延長	69
支払い方法	74
ジャンク品	104
終了時間	56
出品価格	52
出品期間	54
出品テンプレート	134
商品画像	44, 112
商品撮影のコツ	140

INDEX

商品詳細ページ …………… 32, 111
商品説明文 ………… 48, 120, 122, 124
商品タイトル ……………………… 46
スマートフォン …………………… 230
セカイモン ………………………… 102
早期終了 ………………………… 59, 69
送料無料 …………………………… 130
即日発送 …………………………… 174

た
代金支払い管理サービス ………… 267
代行業者 …………………………… 224
タオバオ …………………………… 220
宅配便 ………………………………… 70
注目のオークション ………… 69, 158
定形外郵便 ………………………… 76
テキストリンク …………………… 146
転送業者 …………………………… 216
取引オプション …………………… 68
取引ナビ ………………………… 63, 64
取引ナビ（ベータ版） ……… 50, 63, 65
トレンド …………………………… 180

な
入札者認証制限 …………………… 69
入札者評価制限 …………………… 68
入札の取り消し …………………… 59
値下げ交渉 ………………………… 162
ネット仕入れ ……………………… 86
ネット問屋 …………………… 96, 100
のんきーどっとねっと …………… 252

は
はこBOON …………………………… 72
発送方法による補償 ……………… 73
販売計画 …………………………… 182
不要品 …………………………… 38, 78
ブラックリスト …………………… 59
フリーマーケット ………………… 92
不良在庫 …………………………… 200
保証 ………………………………… 126
本人確認 …………………………… 42

ま
未着・未入金トラブルお見舞い制度 … 266
メッセージカード ………………… 172
メルアド宅配便 …………………… 72
目標設定 …………………………… 186
モノレート ………………………… 196

や
ヤフオク！ ………………………… 14
ヤフオクびゅーあ ………………… 260
郵便 ………………………………… 71

ら
落札 ………………………………… 28
落札相場 …………………………… 53
落札通知メール …………………… 160
リアル店舗仕入れ ………………… 87

お問い合わせについて

本書に関するご質問については、本書に記載されている内容に関するもののみとさせていただきます。本書の内容と関係のないご質問につきましては、一切お答えできませんので、あらかじめご了承ください。また、電話でのご質問は受け付けておりませんので、必ずFAXか書面にて下記までお送りください。
なお、ご質問の際には、必ず以下の項目を明記していただきますよう、お願いいたします。

① お名前
② 返信先の住所またはFAX番号
③ 書名(今すぐ使えるかんたんEx ヤフオク！本気で儲ける！プロ技セレクション)
④ 本書の該当ページ
⑤ ご使用のOSとソフトウェアのバージョン
⑥ ご質問内容

なお、お送りいただいたご質問には、できる限り迅速にお答えできるよう努力いたしておりますが、場合によってはお答えするまでに時間がかかることがあります。また、回答の期日をご指定なさっても、ご希望にお応えできるとは限りません。あらかじめご了承くださいますよう、お願いいたします。

問い合わせ先

〒162-0846
東京都新宿区市谷左内町21-13
株式会社技術評論社　書籍編集部
「今すぐ使えるかんたんEx　ヤフオク！本気で儲ける！プロ技セレクション」質問係
FAX番号　03-3513-6167　URL：http://book.gihyo.jp

お問い合わせの例

FAX

① お名前
　技術　太郎
② 返信先の住所またはFAX番号
　03-××××-××××
③ 書名
　今すぐ使えるかんたんEx
　ヤフオク！本気で儲ける！
　プロ技セレクション
④ 本書の該当ページ
　101ページ
⑤ ご使用のOSとソフトウェアのバージョン
　Windows 10
　Microsoft Edge 20.10586.00
⑥ ご質問内容
　十順ぐの操作ができない

※ご質問の際に記載いただきました個人情報は、回答後速やかに破棄させていただきます。

今すぐ使えるかんたんEx
ヤフオク！本気で儲ける！プロ技セレクション

2016年8月1日　初版　第1刷発行

著者……………………… 梅田　潤
発行者…………………… 片岡　巌
発行所…………………… 株式会社 技術評論社
　　　　　　　　　　　　東京都新宿区市谷左内町21-13
　　　　　　　　　　　　電話　03-3513-6150　販売促進部
　　　　　　　　　　　　　　　03-3513-6160　書籍編集部
装丁デザイン…………… 菊池　祐（ライラック）
本文デザイン…………… リンクアップ
編集／DTP……………… リンクアップ
担当……………………… 伊藤　鮎
製本／印刷……………… 日経印刷株式会社

定価はカバーに表示してあります。

落丁・乱丁がございましたら、弊社販売促進部までお送りください。交換いたします。
本書の一部または全部を著作権法の定める範囲を超え、無断で複写、複製、転載、テープ化、ファイルに落とすことを禁じます。

©2016 合同会社梅田事務所

ISBN978-4-7741-8169-1 C3055

Printed in Japan